Illustrator

零基础萌漫插画
绘制技法

周小馋 编著

人民邮电出版社

北京

图书在版编目（CIP）数据

Illustrator零基础萌漫插画绘制技法 / 周小馋编著
. -- 北京：人民邮电出版社，2017.9（2023.1重印）
ISBN 978-7-115-45853-7

Ⅰ. ①I⋯ Ⅱ. ①周⋯ Ⅲ. ①图形软件 Ⅳ.
①TP391.412

中国版本图书馆CIP数据核字(2017)第159875号

内 容 提 要

　　随着时代的发展，插画作为现代设计重要的视觉传达方式，以其直观的形象、真实的生活感和强烈的感染力，在现代设计中占有特定的地位。

　　本书是运用 Illustrator 软件绘制萌漫插画的教程，共 8 章，包括 Illustrator 基础入门、人物基础入门、绘画技法基础入门、单体造型练习、复杂案例练习、商业项目、问题案例修改练习和学生优秀作品赏析。作者根据亲身经历及多年的授课实践经验，由简入繁，为大家展示了一些使用 Illustrator 软件进行数码绘画时很实用的小技巧，帮助所有爱画画、爱设计的人，迅速掌握软件使用技巧，画出自己想要的萌物。另外，本书附赠资源，包括书中所有案例的 AI 效果源文件，以供读者使用，提高学习效率。

◆ 编　　著　周小馋
　　责任编辑　张丹阳
　　责任印制　陈　犇

◆ 人民邮电出版社出版发行　　北京市丰台区成寿寺路 11 号
　　邮编　100164　　电子邮件　315@ptpress.com.cn
　　网址　http://www.ptpress.com.cn
　　北京虎彩文化传播有限公司印刷

◆ 开本：787×1092　1/16
　　印张：10.5　　　　　　　2017 年 9 月第 1 版
　　字数：307 千字　　　　　2023 年 1 月北京第 7 次印刷

定价：69.00 元

读者服务热线：(010)81055410　印装质量热线：(010)81055316
反盗版热线：(010)81055315
广告经营许可证：京东市监广登字 20170147 号

目录

第 05 章
复杂案例练习

第 07 章
问题案例修改练习

第 06 章
商业项目

第 08 章
学生优秀作品赏析

第 01 章

Illustrator基础入门

1.1 Illustrator 简介

Adobe Illustrator 是 Adobe 公司推出的基于矢量的图形制作软件，简称 AI。它被广泛用于出版印刷、平面设计、插画、互联网等领域。

1 什么是矢量图

矢量图，也称为面向对象的图像或绘图图像，在数学上被定义为一系列由线连接的点。矢量图的优点是文件小，图像中保存的是线条和图块的信息，矢量图形文件与分辨率和图像大小无关，只与图像的复杂程度有关，对图形进行缩放、旋转或变形操作时，图形不会产生锯齿效果。

2 矢量图与位图的区别

矢量图与位图最大的区别是，它不受分辨率的影响。因此，在印刷时，可以任意放大或缩小图形，但不会影响出图的清晰度，可以以最高分辨率显示到输出设备上。

1.2 文件的新建、保存与导出

| 1.2.1 | 新建文件

打开 AI，在菜单栏中执行"文件"→"新建"命令，如图所示。

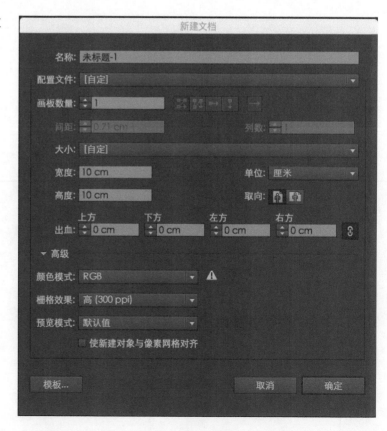

在"名称"处，输入作品的名称。"单位"可使用"像素"或者"厘米"。"宽度"和"高度"可以根据自己的需求设置。

在高级模式中，颜色模式有两种，一种是 CMYK 模式，另一种是 RGB 模式。

CMYK 模式有青色、洋红、黄、黑 4 种色彩，它用于印刷出版，颜色相对于 RGB 模式，会少很多选择。

RGB 模式有红、绿、蓝 3 种颜色，在这个模式下画画，我们可以选择任何我们想要的颜色。但如果你画出来的东西，需要印刷出来，那么一定要选 CMYK 模式。

"颜色模式"右边的黄色警告图标表示，作品选用 RGB 模式，印刷出来后，色差会比较明显。

"删格效果"勾选"300ppi"就可以了，单击"确定"按钮，新画布就建立好了。

Tips

PPI是Pixels Per Inch的缩写，也叫像素密度，表示的是每英寸所拥有的像素数量。因此，PPI数值越高，表示显示屏能够以越高的密度显示图像。

1.2.2 常用的两种导出格式

1 JPG 格式

JPG 的全名是 JPEG。JPG 格式的图片以 24 位颜色存储单个位图，它是一种比较常见的图画格式，被广泛使用于数字图像及 Web 的照片中。

2 PNG 格式

PNG 是一种图片存储格式，可以直接作为素材使用，因为它有一个非常好的特点——背景透明。如制作微信表情的时候，我们就需要用 PNG 格式的图片。

（导出步骤）

01 在菜单栏中执行"文件"→"导出"命令，将其存储为自己想要的作品名称，格式可以选择"JPG"或者"PNG"。如果作品不需要背景透明，选择"JPG"格式即可。

02 切记勾选"使用画板"。

勾选"使用画板"的导出效果。

未勾选"使用画板"的导出效果。

1.2.3 存储为 Web 所用格式

Web 是互联网的总称。按照 Web 所用格式导出的图片,可以按照我们的需求进行调整,得到一个更精确的图片。

导出步骤

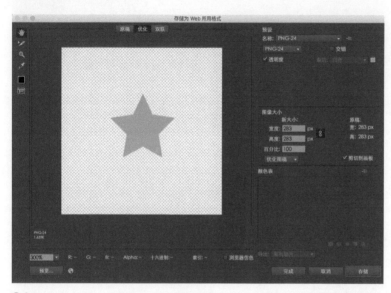

02 在窗口的右上角可以选择自己需要导出的格式,如 JPEG 或者 GIF 等。

01 执行"文件"→"存储为 Web 所用格式",如上图所示。当背景出现灰白格子的时候,代表是 PNG 格式或者 GIF 格式。此时背景是透明的。在此窗口中,所有出现的数值越高,代表导出后的画质越好。

03 图像大小可以调整,数值越大,图像质量越好,越清晰。旁边的 8 图标,代表"图片的原始比例",一般会保留图片的原始比例。

1.3 Illustrator 工具介绍

本节我们以绘制一个水蜜桃为例,介绍一下使用 AI 绘画时需要的最基本的工具。

1 线稿部分

● **主要工具:画笔工具**

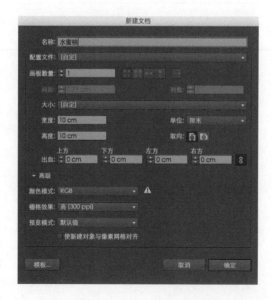

01 新建文件,命名为"水蜜桃",尺寸为 10cm×10cm,颜色模式为 RGB,删格效果为高(300ppi),最后单击"确定"按钮。

8

02 单击"画笔工具"  ，在菜单栏中选择描边为"1pt""5点圆形"画笔，画出草稿。

此时线条都是歪歪扭扭的，没关系，只要画出大致形状即可。

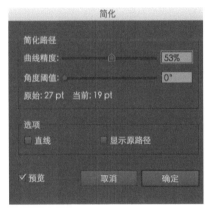

03 单击"直接选择工具" ，框选整个线稿。在菜单栏中，执行"对象"→"路径"→"简化"命令，把曲线精度调整到合适的位置，勾选"预览"，此时会看到图片的变化，单击"确定"按钮。此时线条上的锚点会减少，线条变得很圆滑，方便我们稍后在线条上进行修改。

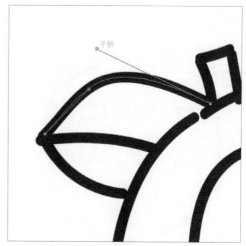

04 单击"直接选择工具" ![icon]，框选需要调整的对象，用它来修改线条。框选对象后，线条上会出现一根彩色"路径"。线段两端的小白点是"锚点"；从"锚点"衍生出去的呈角度的直线叫"手柄"，它的直线尾端有实心小圆点。

使用"直接选择工具" ![icon] 来调整线条的方法。

❶ 选择"直接选择工具" ![icon]，放在"手柄"尾端，对准实心小点，按下鼠标左键并拖动，这时，线条的弧度会发生变化。

❷ 选择"直接选择工具" ![icon]，放在"锚点"处，按下鼠标左键并拖动，这时，线条的位置会发生变化。

我们利用手柄角度的变化和锚点位置的变化，来调整线稿。

![icon] ■ ►	直接选择工具 (A)
![icon]	►⁺ 编组选择工具

有的工具右下角会出现一个小三角，这代表它里面还有其他小工具。长按它其他工具就会显示出来了。

● **怎么擦除**

选择"直接选择工具" ![icon]，框选要擦除的对象，单击"橡皮擦"工具，擦掉需要擦除的部分即可。橡皮擦放大和缩小的快捷键是"［"和"］"。

线稿调整完毕。

2 上色部分

● 主要工具：斑点画笔工具

01 执行"窗口"→"图层"命令，出现图层面板，双击"图层"，出现"图层选项"，把图层命名为"线稿"。单击"确定"按钮。

Tips

"图层"就像是含有文字或图形等元素的"胶片"，一张张按顺序叠放在一起，组合起来形成页面的最终效果。

双击图层面板右下角的"创建新图层"，双击"图层"，将其命名为"上色"。

注意，"上色"图层一定要在"线稿"图层的下方，否则，颜色会覆盖住线稿。按住"上色"图层，直接往下拖动即可调整图层位置。

02 在工具栏中双击颜色，弹出颜色面板。选出自己想要的颜色，单击"确定"按钮。目前色值为 RGB（252，208，219）。

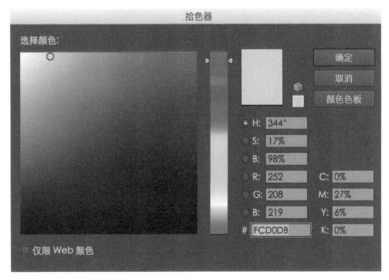

03 选择"斑点画笔工具"，选择"上色"图层，进行涂抹。

同理，我们涂出叶子和杆子的颜色。叶子的色值为 RGB（121，178，47）■；杆子的色值为 RGB（132，92，79）■。如果不小心涂到线外了，我们用"选择工具" ▶ 选定对象，用橡皮擦擦除即可。

注意，涂色的时候，可以把不需要编辑的图层锁上。这样就不会画错图层了。方法是，单击图层前面的空白小方格，出现了一把锁的标志即可。

最后我们在桃子的右上角画两个大小不一样的圆点。一个水蜜桃就绘制完成了，是不是很简单呢。

1.4 数位板

数位板又名绘画板、手绘板等，是计算机输入设备的一种，通常由一块板子和一支压感笔组成。

针对人群：数位板主要的使用人群是设计、美术相关专业，广告公司，设计工作室及 Flash 矢量动画制作者等。

功能：数位板可以让你找回拿着笔在纸上画画的感觉，不仅如此，它还能做很多真实的笔做不到的事情，它可以模拟各种各样的画笔，如压力笔。当你用力画时，呈现在计算机上的笔触是粗的，反之，则是细的。

有压力的效果　　　　　　　　　　　　　　　　　　无压力的效果

设置方法

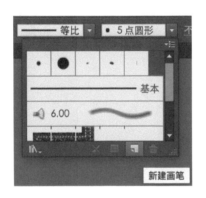

01 去手绘板的官网下载驱动程序，安装好后打开 AI。在菜单栏中，单击画笔旁边的小三角，此时会弹出一个小窗口，在右下角处，单击"新建画笔"。

02 选择"书法画笔"，单击"确定"按钮。

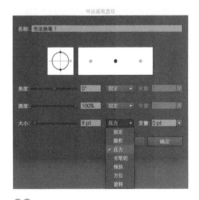

03 单击"大小"这一栏中的倒三角，弹出其他选项，勾选"压力"。旁边的"变量"，代表压力的明显程度，调到自己感觉合适的大小就好了。单击"确定"按钮，手绘板的压力就设置好了。

第 02 章

人物基础入门

2.1 萌漫人物基本比例与细节的画法

本节我们来讲解萌漫的人物比例和各个细节的画法。当然，在日常画画中，需要注意的远远不止这些。

▌2.1.1▐ 人物比例

在插画绘制中，人物头身比例的变化可以改变人物的体型。通过把握人物的头身比例，可以表现出各种不同的人物角色的年龄。

1 宝宝的比例

一般来说，画宝宝2头身就够了，头为1个头，身体为1个头。此时看上去有1~5岁的感觉。

2 青少年的比例

青少年的比例，2.5个头就差不多了。

3 **成年人的比例**

成年人的比例，3个头就好了。

Tips

在画萌漫时，最常用的是2头身和2.5头身，这样会显得更可爱一些。

┃ 2.1.2 ┃ 面部比例

1 **正常人类的面部比例**

正常人类的面部比例分为"三庭五眼"。"三庭"分别指从发际线到眉毛的位置，从眉毛到鼻子的位置，从鼻子到下巴的位置，这3段距离是相等的。

"五眼"分别指从左耳到左眼角的位置，从左眼角到左眼头的位置，从左眼头到右眼头的位置，从右眼头到右眼角的位置，从右眼角到右耳的位置，这5段距离相等。另外，嘴巴的位置在鼻子与下巴的中间，耳朵的高度与眼睛平齐。

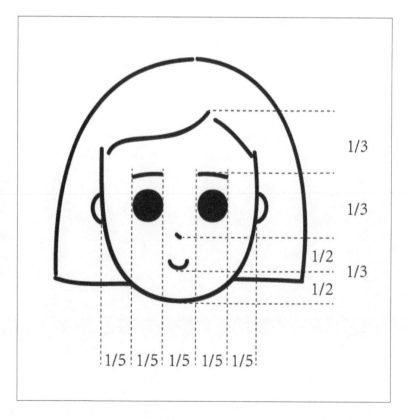

2 萌漫人物的面部比例

怎么样画人物才显得萌呢？这时我们可以打破以往的正常比例。我们可以把眼睛放大，两眼间距增大一点。最关键的是，嘴巴要上移一点，鼻子到嘴巴的距离，要小于嘴巴到下巴的距离。这样，画出来的人物显得可爱多了。

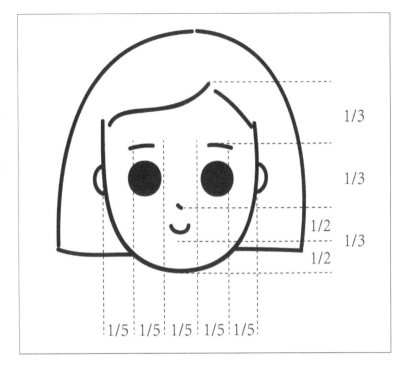

1/3

1/3

1/2
1/3
1/2

1/5 1/5 1/5 1/5 1/5

2.2 简易表情的画法

要怎么表达，怎么组合，才能得到我们心中所想的表情呢？各种心情的表情，都是有自己的规律的。下面我们来介绍几种主流表情的各种画法。

2.2.1 开心的表情

开心类表情的眉毛都是弯弯的，像拱桥一样，这样的眉毛看起来精神。眼睛可以是水汪汪的大眼睛，也可以是笑起来的眯眯眼。嘴角当然也都是上扬的了。

眨眼笑

期待的笑

眯眼大笑

坏笑

微笑

01 先画出弯弯的眉毛。　　**02** 再把眼睛、双眼皮和嘴巴都画　**03** 用斑点画笔工具上色。
出来。

┃ 2.2.2 ┃ 生气的表情

生气类表情的眉毛是呈倒八字
形的，眼睛也可以是倒八字
形。嘴角
是向下的，或者嘴巴嘟着，或者张开
嘴巴露出小虎牙，这些表情都行。

哼

不满

发怒

阴险

切~

01 先画出倒八字形的眉毛。　**02** 再把眼睛、鼻子和因为生气而张大　**03** 用斑点画笔工具上色。
的鼻孔画出来。

┃2.2.3┃ **伤心的表情**

伤心类表情的眉毛是八字形的，眼里含着泪，眼睛耷拉着，可委屈了，嘴角也是向下的。

哀伤

哭

大哭

委屈

可怜

（绘画步骤）

01 先画出倒八字形的眉毛和眼睛的轮廓。

02 把眼睛涂满白色后，再画上黑色的眼珠和嘴巴。

03 最后加上眼角处的泪光。

吃惊的表情

吃惊类表情的眉毛用倒八字形、八字形或者弯弯的来表达都可以，眼睛以没有黑眼珠的样子居多。面部可以搭配上汗珠、额头上的三根线，这样可以进一步表达人物的情绪。

疑问

你走开

不敢相信

汗颜

见鬼了

（绘画步骤）

01 先画出倒八字形的眉毛和眼睛的轮廓。可以先画出单个的眉毛和眼睛，然后复制、粘贴。

02 画好眼珠，然后画出〇形的嘴巴。

03 上色。黑色线条和眼珠部分可以单击鼠标右键将其置顶。

2.2.5 表情进阶——水汪汪的大眼睛的画法

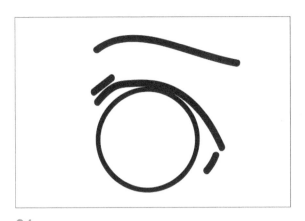

01 新建图层，画布大小设置为10cm×10cm，命名为"线稿"。单击"画笔工具"，选择5点圆形画笔，描边为7.5pt，在颜色面板输入色值，RGB（34，25，22），按照上图所示的形状画出眉毛和眼部轮廓。

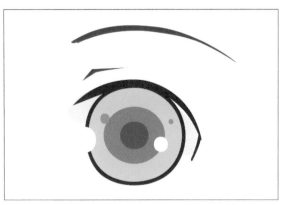

04 选择"斑点画笔工具"，给眼睛画上高光与阴影。高光色值为RGB（255，255，255）和RGB（81，148，175），浅黄色阴影的色值为RGB（249，238，232）。

02 全选画面，在菜单栏中执行"对象"→"路径"→"简化锚点"命令减少多余的锚点。用"直接选择工具"调整线稿。然后用蓝绿色给眼珠填色，颜色从外到内，由浅变深。

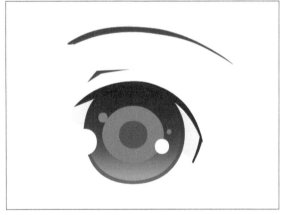

05 选中眼珠中颜色最浅的部分，单击工具栏最下方的渐变工具，将出现如下图所示渐变的窗口，将角度调为90°。从左至右的色值分别为RGB（0，160，170）、RGB（23，83，98）、RGB（11，22，42）、RGB（0，0，0）。

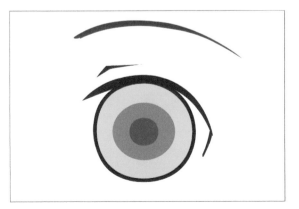

03 选中眉毛、双眼皮和眼睛的轮廓。在菜单栏中执行"对象"→"路径"→"轮廓化描边"，此时对象由路径变成色块。用"直接选择工具"调整它们的粗细。

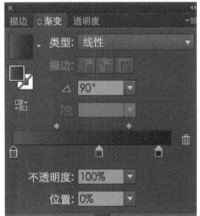

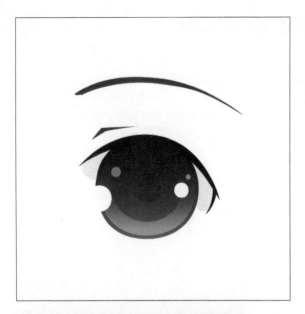

06 选中眼珠中颜色第二深的部分，如下图所示渐变色值从左至右分别为 RGB（31，87，101）■、RGB（3，45，74）■、RGB（11，22，42）■。注意渐变滑块的位置。选中眼睛中心的圆，即颜色最深的位置，如下图所示，渐变色值从左至右分别为 RGB（3，45，74）■、RGB（11，22，42）■。好了，眼睛部分的渐变就完成了。

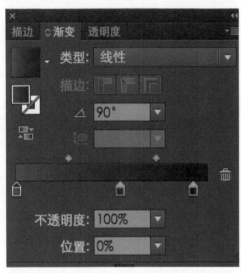

07 最后用"斑点画笔工具"█给眼睛画上睫毛，此时就大功告成了。

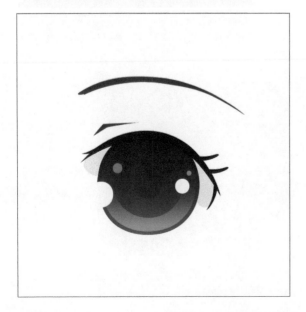

2.3 发型的画法

　　头发是体现人物特征的重要组成部分之一。那么头发要怎么画才自然好看呢？下面以生活中一些常见的发型为例，看看在画头发的过程中，我们需要注意哪些细节。

2.3.1 女生篇

1 温柔长直发

头发太厚重。

头发太薄，头顶都被削掉一半了。

01 先用"画笔工具"✎画出头发的大致轮廓。注意不要把头顶的头发画得太贴近刘海，在刘海和头顶之间，要表现出一定的厚度，但也不能太远。

03 新建图层，用"斑点画笔工具"✐为头发填色，色值为RGB（119，86，73）■。

02 把头发的细节画完整。

04 最后，把高光和阴影涂上就好了。高光色值为RGB（188，145，132）■，阴影色值为RGB（81，52，43）■。

01 用"画笔工具" 画出头发的基本轮廓。在画头顶的时候，不要画得太平，要有弧度。女生头发扎起来的时候，后脑勺部分的头发会有鼓鼓的感觉，这种感觉要体现出来，这样画出来的人物显得生动一些。

03 新建图层，用"斑点画笔工具" 为头发头绳填色。头发色值为 RGB（249，214，67） ，头绳色值为 RGB（95，230，249） 。

02 把丸子画上，还有头绳。你也可以画成蝴蝶结等。

04 最后用"斑点画笔工具" 为头发涂出高光和阴影。注意丸子和头绳的影子也要涂上。高光色值为 RGB（225，225，225） ，头发阴影色值为 RGB（242，186，28） ，头绳阴影色值为 RGB（26，181，193） 。

3 俏皮 BOBO 头

01 用"画笔工具"▱画出头发的轮廓。

02 新建图层，用"斑点画笔工具"▱为头发涂色。头发色值为 RGB（229，229，229）▱。

03 把高光和阴影画上。高光色值为 RGB（225，225，225）▱，阴影色值为 RGB（198，198，198）▱。

4 活力马尾辫

01 像画丸子头那样，用"画笔工具"▱把头发的轮廓先画出来。

02 把马尾画上去。

03 新建图层，用"斑点画笔工具"▱为头发涂色。头发色值为 RGB（252，192，192）▱。

选阴影色彩的时候，我们可以用吸管工具，吸取它原本的色彩，在原本的色彩基础上，在选择颜色的正方形区域里，往右边或者右下方移动一点，这样选出来的阴影颜色会比较准确。

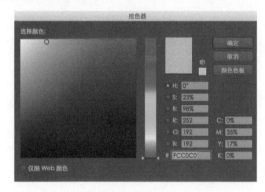

04 最后，把阴影和高光涂上。阴影色值为 RGB（247，156，156）■。

5 韩式麻花辫

01 首先，像画 BOBO 头那样，用"画笔工具"■把大致轮廓画出来。

02 把麻花辫、头绳画完整。

03 新建图层，用"斑点画笔工具"■给头发和头绳涂色。头发色值为 RGB（91，70，42）■，头绳色值为 RGB（249，243，38）■。

04 用"斑点画笔工具"■涂抹出阴影和高光。头发阴影色值为 RGB（61，41，18）■，高光色值为 RGB（225，225，225）□。记得麻花辫的阴影也要涂上。

| 2.3.2 | 男生篇

1 最挑颜值板寸头

2 高逼格大背头

01 先用"画笔工具" 画出头发的大致轮廓。在画板寸的时候，要体现出板寸头发的硬和短。所以头发的线条要尽量贴着头皮，头发不要画厚了。在头发的转折处，线条可以断开，这样转折感会比较明显。

02 新建图层，使用"斑点画笔工具" 为头发涂色。头发色值为 RGB（63，63，63）。在体现黑色发色的时候，不需要用全黑，可以用深灰色来代替，看上去感觉也像黑色。

03 画出高光和阴影。高光色值为 RGB（255，255，255），阴影色值为 RGB（33，33，33）。

01 先用"画笔工具" 画出头发的大致轮廓。

02 顺着头发的走向，把头发的细节画出来。

03 新建图层，用"斑点画笔工具" 为头发涂色。中间发色深，旁边发色要浅。因为头发越短，越能透出头皮的颜色。中间发色色值为 RGB（81，52，43），旁边发色色值为 RGB（119，86，73）。

04 涂出高光和阴影。高光色值为 RGB（255，255，255）□，阴影色值为 RGB（96，61，51）■。

3 温柔韩式小卷毛

01 用"画笔工具"✐画出头发的轮廓。此时鬓角的造型是尖尖的，这样头发整体会比较统一。

02 新建图层，用"画笔工具"✐涂抹发色。发色色值为 RGB（193，193，193）■。刘海下方的阴影，与刘海的造型一致。

03 用"斑点画笔工具"✐画出高光和阴影。高光色值为 RGB（255，255，255）□，阴影色值为 RGB（160，160，160）■。

4 和尚小光头

01 用"画笔工具" ▨画出光头的轮廓。注意轮廓与脸型要紧密结合。用肤色涂满整个光头。肤色色值为RGB（229，229，214）▨。

02 用"斑点画笔工具" ▨画出发根部分的颜色。色值为RGB（216，216，216）▨。

03 用"斑点画笔工具" ▨画出头皮上的小点点。色值为RGB（181，181，181）▨。

2.4 手部表现方法

　　手是人的"第二面孔"，手的动作与"表情"，包含着丰富的信息，它展露出人的年龄、处境和经历，是我们表现人物性格和气质时不可忽视的因素。而且手的动作变化是极其丰富和微妙的，动态表现不精微，表情也传达不出来。同时，手的骨骼结构变化非常复杂，是一个较难掌握的部分，故有"画人难画手"的说法。

▎2.4.1 ▎ 正常手部的画法

　　人的手部概括起来分3个部分：手腕、手掌和手指。

　　手腕，是手与前臂的连接处，它决定了手的活动角度和扭转方向。

　　手掌，掌骨与指骨连接，其运动略呈扇形，大家可以仔细观察自己的手，四指的根部并不是排列成一条直线。

　　手指，为上细下粗的圆柱体，其中中指最长，长度通常为手长的一半，其次是食指和无名指，大拇指和小拇指最短。

　　整个手部的形体从侧面看，其厚度由手腕向手掌、手指呈阶梯式递减，逐渐变薄。

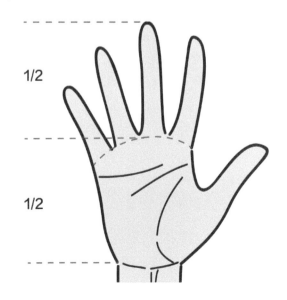

2.4.2 ┃ 正常的手和萌萌的手的区别

正常的手和萌萌的手，整体比例都是差不多的，但有些细节上有些区别。

共同点：

（1）四指的根部，同样呈扇形。

（2）中指最长，都为手长的一半。

区别：

（1）萌萌的手比正常的手显得更有肉感，骨骼表达不会那么明显，指尖也是胖胖的。

（2）萌萌的手我们只需要画2个指关节就好了，但是正常的手是有3个指关节的。

（3）萌萌的手，整体形状呈正方形，正常的手整体形状呈长方形。

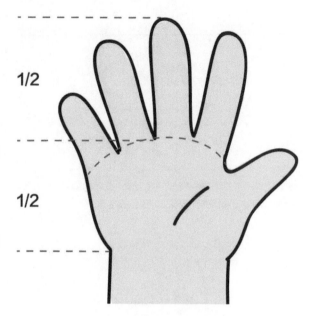

1/2

1/2

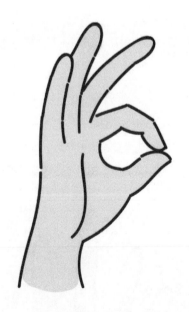
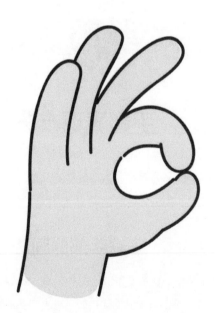

正常的手，指关节要画3个。萌萌的手，指关节画2个就够了。

2.4.3 ┃ 萌萌的手的常见画法

我们以同一个手势为例，来体现2种萌系手的画法。

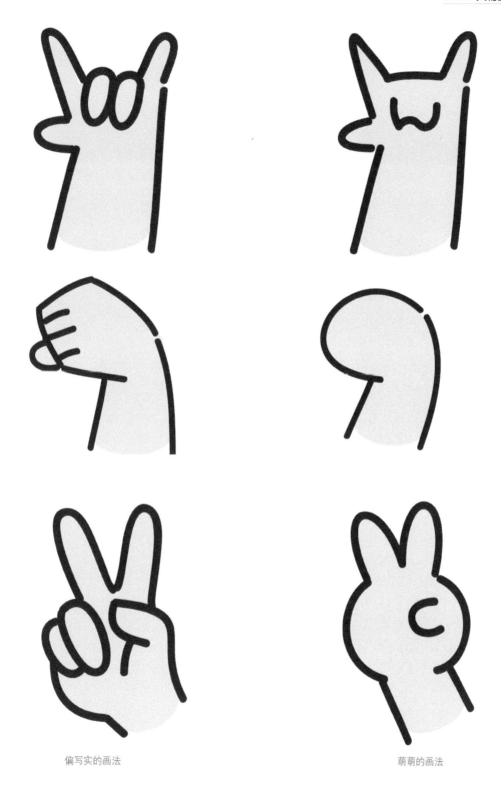

偏写实的画法   萌萌的画法

　　画写实的手比画萌萌的手要难一些，因为它对手部结构的掌握要求更高。画萌萌的手时，一定要保持手的基本姿势，然后适当省略掉一些手指，它比写实的手，线条更柔和，手更胖，所以显得更可爱。

第 03 章

绘画技法基础入门

3.1 色彩的认识

3.1.1 色彩三要素

色彩三要素分别指明度、色相和饱和度。我们看到的所有颜色都是由这3个要素综合而来的。

色相：指色彩的相貌。例如，红、橙、黄、绿、蓝、紫。

明度：是指眼睛对光源和物体表面的明暗程度的感觉。任何一个彩色，当它掺入白色时，明度提高，当它掺入黑色时，明度降低，同时其纯度也相应降低。如土黄明度低，柠檬黄明度高。

饱和度：指色彩的鲜艳程度，也称为色彩的纯度。任何一个颜色，掺入其他色时，饱和度都会降低。如大红色为高饱和度，而咖啡色为低饱和度。

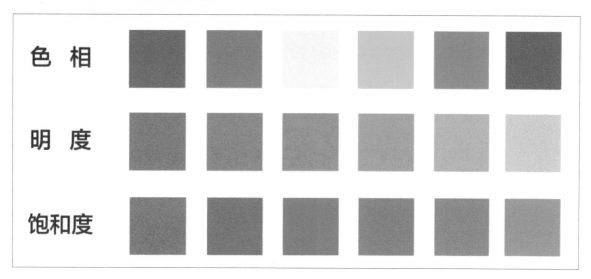

3.1.2 色轮

用 Marc Chagall 曾说过的一句话来形容色轮最好不过——所有的色彩，都是隔壁色彩的朋友，也是相反位置色彩的爱人。

色轮可以分为三类色，分别为同类色、邻近色和对比色。

同类色：色相相同，但色度有明度上的变化。它指的是色相环中15°夹角内的颜色，如深红与浅红。

邻近色：邻近色之间往往是你中有我，我中有你。在色轮中，它指的是60°范围内的颜色。运用邻近色，能做到最大程度的和谐，其最大的优势在于不同的色彩之间存在着相互渗透的关系。所以视觉上会感觉到和谐流畅、不突兀，如绿色与黄色。

对比色：也称为互补色，是对比最强的色组。指色环上相距120°~180°的颜色，如紫色与黄色。

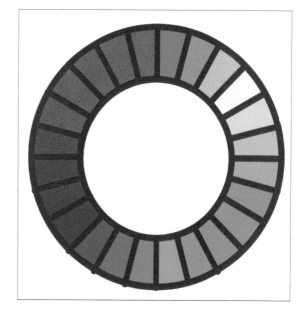

为什么说，"隔壁色"是"朋友"，而"对面色"是"爱人"呢？

色轮的"隔壁色"就是邻近色，邻近色不管怎么搭配，都不容易出错，很适合新手。如整个画面用绿色和黄色，或者红色和橘色进行搭配，给人的感觉都很和谐。但这样的搭配，不容易出彩，给人留下的印象不深刻。所以说，隔壁色是"朋友"，它们就像朋友一样，相处起来轻松、快乐。

而"对面色"都是对比色，如黄色和紫色，绿色和红色。当然，我们在日常的配色中，可以不用这么纯的颜色，可以降低饱和度，如用淡草绿色配淡橘红色。对比色能给人留下深刻的印象，视觉冲击力更强，识别度更高。所以，我们说"对面色"是"爱人"，它们就像爱人一样，让人感觉既甜蜜又吸引人，让人控制不住，想多看两眼。

3.1.3 ▎ 色彩传播的情绪

红色：视觉上给人一种醒目感。给人活泼、生动的感觉，但看得时间太长会有不安的反应。红色强烈、饱含着一种力量、热情，象征着希望、生命。当一个人心情抑郁的时候，看到红色会改变心情、状态。

橙色：具有富丽、辉煌、炙热的感情意味。橙色像太阳光，冬天在充满橙色的房间里，会给人带来温暖的感觉，实验显示，在橙红色房间里工作的人与在蓝绿色房间里工作的人对温度的感觉相差5℃~7℃，因为橙红色能使人的血液循环加速。

黄色：是色彩中最亮的颜色，给人快乐、活泼、希望、光明的感觉。它能带来尖锐感和扩张感，在警示色中多用黄色。

绿色：人们的视觉最能适应绿光的刺激，由于我们生活在被绿色环抱的大自然中，所以对绿光的反应最平静。绿色有永远、和平、年轻、新鲜的意味。它安宁、静止的特性，能舒缓人们疲劳的脑神经和视神经。

蓝色：在可见光谱中，蓝色的光波较短，蓝色是无边无际的天空色，又是深不可测的海洋色，蓝色表现出冷静、理智、透明、广博等特性，蓝色与积极火热的红橙色相比，是一种内敛的、收缩的、学习的色彩，蓝色具有很强的稳定感，适合瑜伽等静态运动的环境。

紫色：在可见光谱中，紫色的光波最短，紫色具有蓝红双重性格，所以明亮的紫色具有积极、威严、尊贵的含义。紫色从古代就被赋予了特殊的含义，如"紫气东来""紫禁城"。

红色：热烈

橙色：温暖

绿色：自然

蓝色：安静

▌3.1.4▐ 什么是高档的颜色

高档的颜色，看起来让人很舒服，赏心悦目。之所以有一些颜色看起来会显得高档，其实是因为该颜色传递出的情绪很少。

那么我们该怎么减少颜色传递出的情绪，避免出现"廉价的颜色"呢？

1.降低饱和度

降低色彩饱和度，其实就是在降低和削减色彩对人情绪的影响，使其看起来略显高档。如饱和度很高的大红色，给人热烈、刺眼的感觉，我们在大红色里面加点白色，降低它的饱和度，让它变成粉红，看起来就会柔和很多。例如，很多奢侈品牌的Logo或者包装，都只用黑白两色，这都是在降低饱和度。

2.不明确色相

当物体的色相不那么明确之后，色彩对于我们情绪的影响也就会随之减弱。如我们在绿色里面加点黄色，它就会变成更柔和的草绿色；在红色里面加点白色，再加点橘色，它就会变成很甜美、很少女的粉橘色。再如一个很有名的颜色——蒂芙尼蓝，它的基调为蓝色，但又在里面加入了一些白色和绿色。

以上面这两张图为例，左边的衣服颜色饱和度高，视觉上比较刺眼；右边的衣服颜色饱和度低，色相不明确，视觉上比较柔和。所以，右边属于更高档的颜色。

3.2 透视的基本原理

在生活中常常会出现这样的现象，同样的物体在不同的位置，会出现近大远小的变化，这种变化在绘画上称之为透视。透视并不难掌握，关键在于理解它。

▎3.2.1 ▎ 视平线

视平线就是眼睛平视前方时的那条水平线。

当物体在视平线之下时，我们能看到物体的向上面；当物体在视平线之上时，我们能看到物体的向下面。

物体在我们视平线的右边，可以看到物体的左面；物体在我们视平线的左边，可以看到物体的右面。

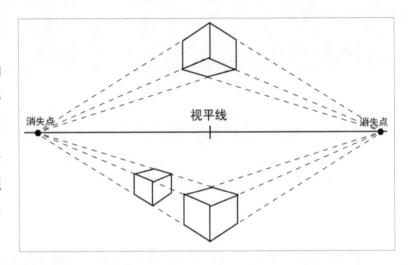

▎3.2.2 ▎ 近大远小的原理

大小相等的物体，离我们近的大，离我们远的小。空间上距离相等的物体，离我们越远，它们之间的距离越近。

下面我们来看一些绘画中常见的错误。

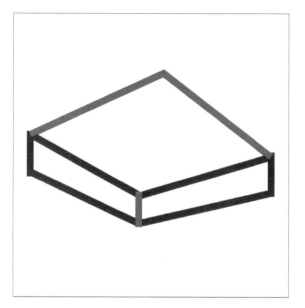

左图中的红线部分，都是错误的线条，因为它忽略了近大远小这一原理。最下面的红色短线，它相比于左右两边的黑色短线，应该要更长，因为它离我们更近。上面的红色长线,比下面的黑色长线离我们要远，所以它要更短一点。

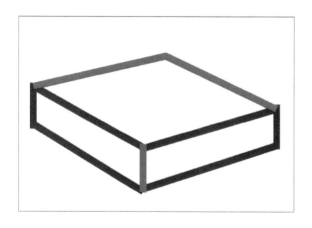

修改后的效果如左图所示。

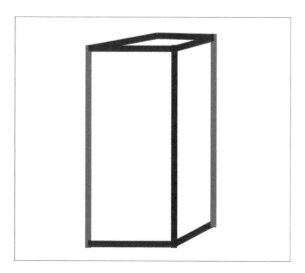

我们来看左图中的这个长方体。它中间的黑色长线是离我们最近的，那么它应该是最长的。但是从图中可以看出，它与左右两边的红色长线是一样长的，所以透视关系也错了。

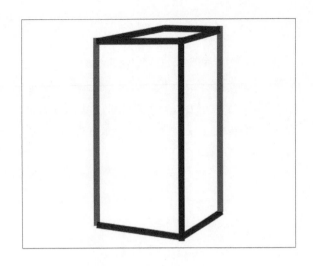

修改后的效果如左图所示。

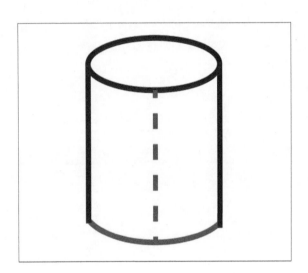

最后，我们来看一个圆柱体。中间的红色虚线相对于它旁边的黑色线条离我们更近，那么3根平行线中，它应该是最长的。当红色虚线变长后，最下面的红色实线的弧度，就会相应地增大。这个圆柱体在我们视平线之下，上面的圆离我们近，所以要大一点，下面的圆离我们远，所以要小一点。

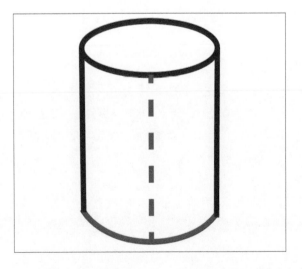

修改后的效果如左图所示。

透视的变化是很微妙的，但透视都遵循着"近大远小"的原理。很多线条都只需要移动一点点就可以准确表现出物体的透视关系，但那"一点点"就是透视的关键。我们在平常生活中要多注意观察，多画，慢慢就会理解它了。

3.3 明暗的处理

明暗产生的原因：只要有光源的照射，就有明暗。

明暗的基本法则：光源直射处是亮部，光源照射不到之处是暗部。

3.3.1 三大面

物体在光源的照射下，会出现三大面，受光的面叫亮面，侧受光的面叫灰面，背光的面叫暗面。

3.3.2 五大调子

在三大面中，根据受光的强弱不同，以及很多明显的区别，形成了五个调子。

高光：亮面中最亮的部分称为"高光"。不同材质的高光强度也不一样。光线强度同样的情况下，越是光滑的物体的高光部分越是明显，如首饰、银器。而像棉、毛等物体的高光部分则会相对柔和。

中间色：侧受光的灰面叫"中间色"。中间色一般是物体本身的颜色。

明暗交界线：明暗交界线在灰面与暗面的交界处，它既不受光源的照射，又不受反光的影响，因此在物体上会有一个最暗的面，叫"明暗交界线"。它和高光一样，其深浅程度与光线和物体的材质都有关系。

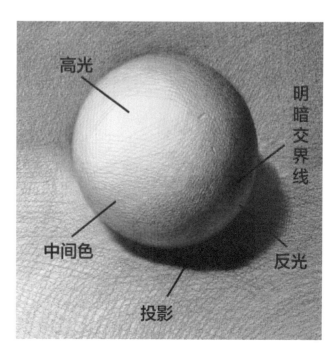

反光：反光出现在明暗交界线和投影之间。反光除了和光线强弱、材质有关之外，同时也受环境色的影响。越是光滑的表面受环境色的影响越大。

投影：投影在反光之下。越靠近物体的部分颜色通常越深。透明物体的投影相对较弱。

┃3.3.3┃ 明暗在实际绘画中的运用

在卡通画中，我们涂色的时候，不需要把五个调子都表现得那么细。我们只需要表现出高光、中间色和投影就好了，或者只表现出中间色也可以。

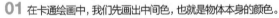

01 在卡通绘画中，我们先画出中间色，也就是物体本身的颜色。

02 确定好光源的位置。本张图中，假设光是从右上方照过来的。肉片一般都是油腻腻的，所以可以给它画出高光。而衣服上的高光就不用画了，因为衣服一般都是棉质之类的，不会出现那么强烈的高光。

Tips

我们在画反光的时候，可以用吸管工具吸取中间色，再在中间色的基础上加深。这样反光的颜色会比较准确。

03 最后一步就可以画阴影了。高光在右边，那么相对的影子就出现在左边。在出现遮挡关系、高低关系、覆盖关系的时候，影子都会出现。

3.4 构图

3.4.1 什么是构图

构图就是处理各种物体在画面上的位置和大小关系。基本要求是整个画面要构图饱满，主题突出，有主有次，均衡而又开阔。

3.4.2 三分线——自然稳定的构图

三分法构图是比较稳定、自然的构图。把主体放在三分线上任意红点的位置，可以引导人的视线更好地注意到主体。这种构图法一直以来被各种风格的插画师广泛使用。

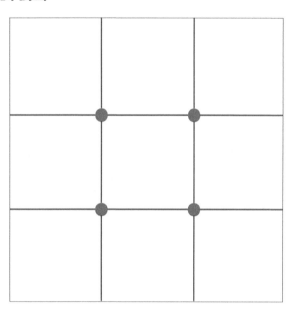

3.4.3 对角线——强调方向的构图

对角线构图，即在画面中使主体关系呈现为明显的对角线。采用这种构图的绘画，能够引导读者的视线随着线条的指向移动，从而使画面有一定的运动感、延伸感。

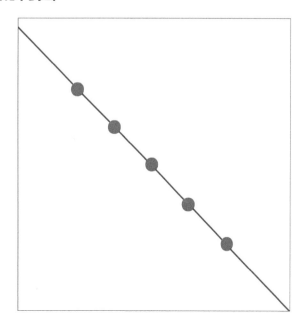

| 3.4.4 | 对称——相互呼应的构图

　　对称式构图是比较传统的一种构图方式，它使画面中的元素上下对称或左右对称。这种构图方式能使人产生严肃、庄重的感觉，同时在对比过程中能更好地突出主体，但有时会略显呆板、不生动。

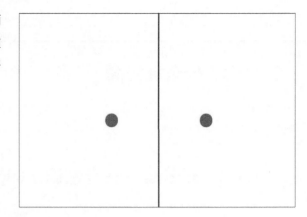

| 3.4.5 | 散点——随意自然的构图

　　散点式构图是以分散的点状形象构成画面的方式，这些点就像珍珠散落在银盘里，使整个画面中的景物既有聚又有散，既存在不同的形态，又统一于画面，

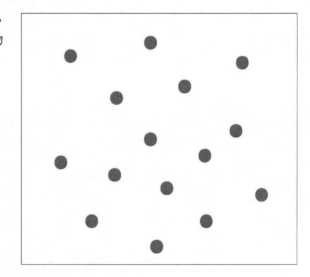

| 3.4.6 | 垂直线——高大灵活的构图

　　垂直构图是一种基本的构图方式，采用这种构图的画面在垂直方向上有延伸感，给人以庄严、高大、耸立及生长感，象征着希望。

　　如果画面中的对象不能完全地贯通画面，应在构图上使其上端或下端留有一定的空间，否则会有堵塞感。例如，绘制高大的建筑物、向上生长的树木、顶天立地的人物时，虽然被绘制的对象在画面中是静止的，却仍有向上延伸之感。

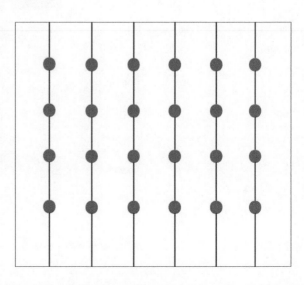

3.4.7 常见错误

太偏：物体在画面中的所占位置太偏，造成画面不平衡。

太小：物体在画面中的所占面积太小，显得很空洞。

太满：物体在画面中所占面积太大，感觉很拥挤，没有呼吸感。

合适：与前3张构图相比，物体在画面中的位置、大小合适，构图相对完美。

构图的合适与否，直接影响画面的完整性，所以在绘画时要考虑构图。两个以上的物体在绘画时要考虑主次关系、疏密关系等因素。

第 **04** 章

单体造型练习

4.1 会飞的小仙女

本节来画一个小女孩，为了突出小女孩的粉嫩、可爱，颜色用粉色系。造型上给她扎两个小辫子，戴上一个兔耳朵的发箍，配上一对小翅膀。人物要可爱，配件也要可爱，才会一萌到底。

01 新建图层，设置画布大小为10cm×10cm，命名为"线稿"。单击"画笔工具"，选择5点圆形画笔，设置描边为7.5pt，在颜色面板输入色值 RGB（0，0，0），按照如左图所示的形状画出头部轮廓。

02 用"画笔工具"画出头饰与头发的小细节。能复制的地方可以复制，节约时间。

03 画出身体与翅膀。注意身体的长度不要超过头部的长度，这样人物才会显得更可爱。人物用2头身就好了。

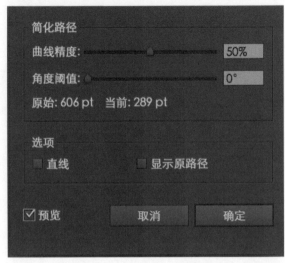

04 画出爱心、花朵和腮红等小细节。腮红色值为 RGB（249，162，162）■。再用"选择工具"■框选整个线稿，在菜单栏中，执行"对象"→"路径"→"简化锚点"命令来减少多余的锚点，参数设置如上面右图所示，以节省调整线稿的时间。最后用"直接选择工具"■调整线稿。线稿就绘制完成了。

05 新建图层，放在线稿图层的下面，命名为"色稿"。选择"斑点画笔工具"■，开始给画面上色。头发色值为 RGB（247，176，180）■，肤色色值为 RGB（251，229，215）■，翅膀色值为 RGB（222，246，248）■，衣服与鞋子的色值为 RGB（225，225，225）■，花朵色值为 RGB（251，203，203）■，爱心色值为 RGB（207，33，26）■。

06 再新建一个图层，放在线稿图层与色稿图层之间，命名为"高光与阴影"。用"斑点画笔工具" ✏ 画出高光与阴影。头发阴影部分的色值为 RGB（247，121，122）■，肤色阴影部分的色值为 RGB（251，205，182）■，翅膀阴影部分的色值为 RGB（175，249，248）□。至此，可爱的小仙女就绘制完成了。

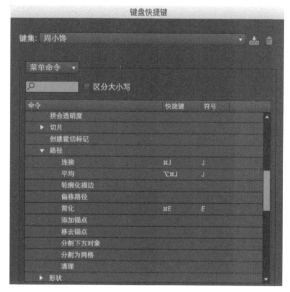

是不是每次执行减少锚点的命令都有点麻烦？这里告诉大家一个快速的方法，在菜单栏中执行"编辑"→"键盘快捷键"命令就可以设置任意操作的快捷键了，特别方便、快速。

4.2 印尼小船员

本节来画一位抱着火烈鸟，正在划船的印尼小男孩。原图是我在巴厘岛拍下的一张照片，觉得很有意思，就把他画下来了。

01 新建图层，设置画布大小为10cm×10cm，图层命名为"线稿"。单击"画笔工具" 🖌，选择5点圆形画笔，设置描边为0.5pt，在颜色面板输入色值RGB（0，0，0）■，按照如左图所示的形状画出火烈鸟泳圈的轮廓。

02 继续用"画笔工具" 🖌，画出小男孩。

03 画出划桨和小船。

04 最后，画出海浪，线稿就完成了。

05 用"选择工具"框选整个线稿。在菜单栏中，执行"对象"→"路径"→"简化锚点"命令来减少多余的锚点。擦掉多余的线条，然后用"直接选择工具"调整线稿。

06 新建图层，命名为"颜色"，将其置于"线稿"图层之下。用"斑点画笔工具"进行涂色。火烈鸟色值为 RGB（255，100，163），头发色值为 RGB（73，67，66），肤色色值为 RGB（170，118，92），划桨和小船的内部色值为 RGB（255，242，74），小船底部色值为 RGB（6，188，24），海水色值为 RGB（61，232，23）。

07 新建图层，命名为"明暗"，将其置于"线稿"与"颜色"图层之间。用"斑点画笔工具" ✏ 进行涂色。火烈鸟暗部色值为 RGB（219，40，121）■，头发暗部色值为 RGB（45，43，43）■，肤色暗部色值为 RGB（130，83，63）■，划桨和小船暗部色值为 RGB（193，178，39）■，小船底部暗部色值为 RGB（4，80，114）■，海水暗面色值为 RGB（18，181，169），高光色值为 RGB（255，255，255）□。

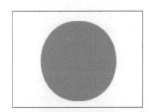 

08 最后一步，给人物加上腮红。我们先画一个圆，色值为 RGB（252，108，89）■。框选它，在菜单栏中执行"效果"→"风格化"→"羽化"命令。数值可以根据自己的需要进行调整，勾选预览，效果如左图所示。

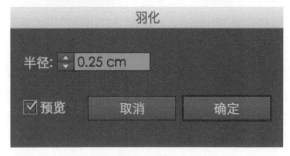

羽化

半径: ▲▼ 0.25 cm

☑ 预览　　取消　　确定

09 把羽化好的腮红放上去。整幅画就完成了。

4.3 戴帽子的小男孩

本节来画一位戴帽子的小男孩。注意帽子和头部的关系，帽子的边缘要高于头顶，这样才有帽子覆盖住头的感觉，但帽子不要高出头顶太多。

01 新建图层，设置画布大小为10cm×10cm，单击"画笔工具"，选择5点圆形画笔，设置描边为1pt。画出大致轮廓。

02 继续用"画笔工具"画出细节。小猩猩的面部用细一点的线条绘制，不然面部细节会看不清。

03 用"选择工具"框选整个线稿。在菜单栏中，执行"对象"→"路径"→"简化锚点"命令来减少多余的锚点。擦掉多余的线条，然后用"直接选择工具"调整线稿。

04 新建图层，命名为"颜色"，将其置于"线稿"图层之下。用"斑点画笔工具" ✐ 进行涂色。帽子色值为 RGB（189，150，109）■，帽子花纹色值分别为 RGB（113，119，92）■、RGB（117，94，88）■、RGB（137，116，109）■、肤色色值为 RGB（252，229，214）□，衣服色值为 RGB（65，65，65）■。

05 继续用"斑点画笔工具" ✐ 涂色，画出高光和阴影。帽子阴影色值为 RGB（160，122，87）■，肤色阴影色值为 RGB（252，204，180）□，衣服阴影色值为 RGB（40，38，38）■。

4.4 优设网的獠麝鸡

本节来画一只优设网的客服妹子——"獠麝鸡"，它是一只会说话的大萌鸡。

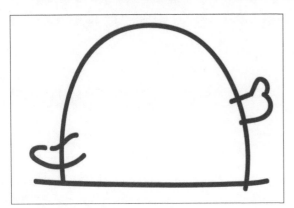

01 新建图层，设置画布大小为 10cm×10cm，图层命名为"线稿"。单击"画笔工具" ✐，选择 5 点圆形画笔，设置描边为 0.75pt。在颜色面板输入色值 RGB（98，4，4）■。画出獠麝鸡的身体和手部轮廓。

02 继续用"画笔工具" ✎ 画出小鸡的鸡冠和耳机。

03 画出小鸡的面部表情和腮红。画眉毛、双眼皮和睫毛的时候，将画笔工具调整为0.4pt。腮红色值为RGB（249，160，133）▨。

04 画上爱心，再用"选择工具" ▨ 框选整个线稿。在菜单栏中，执行"对象"→"路径"→"简化锚点"命令来减少多余的锚点。擦掉多余的线条，然后用"直接选择工具" ▨ 调整线稿。

05 新建图层，命名为"颜色"，将其置于"线稿"图层之下。用"斑点画笔工具" 进行涂色。鸡冠色值为 RGB（252，145，134）■，身体色值为 RGB（249，225，103）■，爱心和嘴巴色值为 RGB（249，61，61）■。

06 新建图层，命名为"明暗"，将其置于"线稿"与"颜色"图层之间。用"斑点画笔工具" 进行涂色。鸡冠暗部色值为 RGB（249，104，88）■，身体暗部色值为 RGB（249，186，83）■，嘴巴暗部色值为 RGB（224，23，23）■。至此优设网的獠麝鸡就绘制完成了。

4.5 小浣熊

本节来画一只小浣熊，注意它的服饰的绘制。这样，它就拟人化了。

01 新建图层，设置画布大小为 10cm×10cm，单击"画笔工具" ，选择 2pt 椭圆画笔，设置描边为 2pt。画出大致轮廓。

02 继续用"画笔工具" ✏️ 画出细节，包括面部表情、铃铛、音符和小鸟。

03 用"选择工具" ▶️ 框选整个线稿。在菜单栏中，执行"对象"→"路径"→"简化锚点"命令来减少多余的锚点。擦掉多余的线条，然后用"直接选择工具" ▷ 调整线稿。

04 新建图层，命名为"颜色"，将其置于"线稿"图层之下。用"斑点画笔工具" ✒️ 进行涂色。身体色值分别为RGB（224，143，70）■、RGB（130，63，3）■，小鸟色值为RGB（239，217，252）■，腮红色值为RGB（252，167，167）■，铃铛色值为RGB（255，255，26）■，丝带色值为RGB（194，241，249）■。

05 继续用"斑点画笔工具"  进行涂色，画出高光和阴影。身体阴影色值为 RGB（186，106，34）■，丝带阴影色值为 RGB（130，189，219）■，铃铛阴影色值为 RGB（204，154，27）■。

Tips

画阴影的时候，要注意阴影与阴影的衔接。如丝带的阴影部分和身体阴影部分的衔接。

4.6 周小馋的比熊犬

本节来画一条狗——比熊犬。它是我养的宠物，叫周大福。

01 新建图层，设置画布大小为 10cm×10cm，图层命名为"线稿"。单击"画笔工具" ✐，选择 5 点圆形画笔，设置描边为 0.75pt。画出狗的大致形状，还有餐布。

02 继续用"画笔工具" ✐ 画出香肠、小鸟，还有狗狗的面部表情。

Tips

不知道大家发现没有，用画布10cm×10cm大小、5点圆形画笔、大小为1pt画出来的线条，比画布是20cm×20cm大小、5点圆形画笔、大小为1pt的线条要粗。同样是1pt的粗细，在不同尺寸的画布上，会有粗细变化。画布越大，画出来的线条相对越细。

03 用"选择工具" 框选整个线稿。在菜单栏中，执行"对象"→"路径"→"简化锚点"命令来减少多余的锚点。擦掉多余的线条，然后用"直接选择工具" 调整线稿。

04 新建图层，命名为"颜色"，将其置于"线稿"图层之下。用"斑点画笔工具" 进行涂色。身体色值为 RGB（255，255，255） ，香肠色值为 RGB（252，142，109） ，衣服色值为 RGB（233，247，193） ，裤子色值为 RGB（247，235，252） ，餐布色值为 RGB（227，247，252） ，小鸟色值为 RGB（252，238，71） ，小鸟帽子、小狗腮红和舌头色值为 RGB（252，122，122） 。

Tips

一个画面中，能用同一个颜色表现的，就尽量用同一个颜色，如小鸟的帽子，小狗的腮红和舌头。这样画面整体的颜色会比较协调。

05 新建图层，命名为"明暗"，将其置于"线稿"与"颜色"图层之间。用"斑点画笔工具" 进行涂色。身体暗部、餐布投影和小鸟投影色值为 RGB（233，232，234） ，香肠暗部色值为 RGB（242，107，76） ，衣服暗部色值为 RGB（209，229，137） ，裤子暗部色值为 RGB（231，206，242） ，餐布暗部色值为 RGB（165，217，229） ，小鸟暗部色值为 RGB（249，215，45） ，小鸟帽子暗部色值为 RGB（234，83，83） 。至此，绘制完成。

4.7 小白兔

本节来画两只小白兔。白兔虽然很简单，但是要画出高识别度，还是比较难的。平时我们可以多看一些优秀的作品，这样才能用简单的线条，画出不一样的东西。

01 新建图层，设置画布大小为 10cm×10cm，单击"画笔工具" ，选择5点圆形画笔，设置描边为1pt。画出大致轮廓。

02 把尾巴和面部细节画出来。

03 用"选择工具" 框选整个线稿。在菜单栏中，执行"对象"→"路径"→"简化锚点"命令来减少多余的锚点。擦掉多余的线条，然后用"直接选择工具" 调整线稿。

04 画上腮红,色值为 RGB(252,151,151)■。框选腮红部分,单击鼠标右键,执行"排列"→"置于底层"命令,线稿就会在腮红之下了。

05 擦掉多余的部分,简易的兔子就画好了。

Tips

画画的时候,不一定非要有高光和阴影才完美。造型和色彩的搭配更重要。

4.8 棉花云

本节来画一组最常见的云朵。注意云朵位置的摆放、前后关系,以及大小的变化。

01 新建图层,设置画布大小为 10cm×10cm,将图层命名为"线稿"。单击"画笔工具"■,选择 5 点圆形画笔,设置描边为 0.75pt。画出云朵和雨滴的大致形状。

02 用"选择工具" ▣框选整个线稿。在菜单栏中，执行"对象"→"路径"→"简化锚点"命令来减少多余的锚点。

03 用"直接选择工具" ▧调整线稿。想让云朵看起来Q弹可爱，我们可以把每一朵云鼓起来的位置调整为球状。然后把雨点的位置摆好。线稿调整完毕。

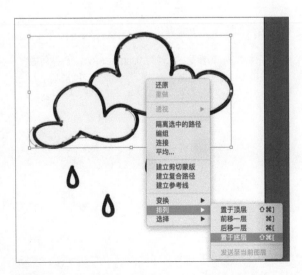

04 直接在原来图层的基础上，用"斑点画笔工具" ▨进行涂色。色值为RGB（240，252，252）。全选蓝色色块，单击鼠标右键，执行"排列"→"置于底层"命令，颜色就到当前图层的最后一层了。

05 用同样的方法，把雨滴颜色涂好。雨滴色值为RGB（214，252，252） 。

06 此时的画面有些单调，我们在云朵上画一只小鸟，这样看起来会更生动一些。在画画的时候，我们可以根据自己的喜好，不画出明暗，只画出固有色，也可以很好看。

Tips

我们在画画的过程中，草稿和最后的成品不一样，这很正常。我们一边画，可以一边调整画面，增增减减，修修改改，让画面呈现出最好的效果。

4.9 椰子树

本节来画一棵椰子树。要注意椰子树树叶的明暗变化。

01 新建图层，设置画布大小为 10cm×10cm，将图层命名为"线稿"。单击"画笔工具" ![icon]，选择 5 点圆形画笔，设置描边为 0.75pt。画出椰子树的大致形状。

02 把椰子树的细节画出来，用"选择工具" ![icon] 框选整个线稿。在菜单栏中，执行"对象"→"路径"→"简化锚点"命令来减少多余的锚点。擦掉多余的线条，然后用"直接选择工具" ![icon] 调整线稿。线稿调整完毕。

03 新建图层，将其命名为"颜色"，置于"线稿"图层之下。用"斑点画笔工具" ![icon] 涂色。树叶色值为 RGB（71, 114, 3） ![icon]，椰子色值为 RGB（244, 226, 56） ![icon]，树干色值为 RGB（117, 62, 3） ![icon]，山丘色值为 RGB（249, 222, 160） ![icon]。

04 用"斑点画笔工具" 进行涂色，画出暗部。树叶暗部色值为RGB（51，76，3），椰子暗部色值为RGB（211，154，41），树干暗部色值为RGB（76，37，2），山丘暗部色值为RGB（237，179，116）。为了体现山丘的质感，我们可以在山丘的受光部加一些小点点。

05 最后，用"斑点画笔工具" 涂色，画出树叶的茎。色值为RGB（133，183，39）。

Tips

这节，我们只分了两个图层。在画简单的画时，图层可以分得少一点，甚至一个图层就可以。在最后一步画树叶的茎时，如果你的手很稳、很准，就不一定非要用画笔工具，用斑点画笔工具也行。

4.10 玛格丽特鸡尾酒

本节来画一杯漂亮的鸡尾酒。注意要表现出酒杯的厚度感。

01 新建图层，设置画布大小为 10cm×10cm，将图层命名为"线稿"。单击"画笔工具" ，选择 3 点椭圆形画笔，设置描边为 2pt。在颜色面板输入色值，RGB（98，4，4）■，按照如左图所示的形状，画出酒杯的轮廓。

02 继续用"画笔工具" ，画出柠檬。

03 用"选择工具" 框选整个线稿。在菜单栏中，执行"对象"→"路径"→"简化锚点"命令来减少多余的锚点。擦掉多余的线条，然后用"直接选择工具" 调整线稿。至此，线稿完成。

04 新建图层，将其命名为"颜色"，置于"线稿"图层之下。用"斑点画笔工具" ✎ 涂色。柠檬色值为 RGB（252，241，36），酒的色值为 RGB（7，208，229）。

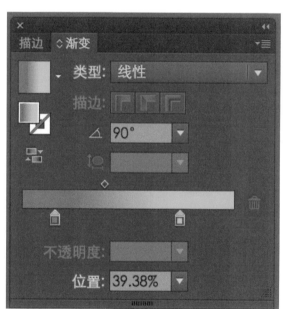

05 框选底部的酒，使用"渐变工具" ■ 调整颜色，底部酒水色值为 RGB（230，96，75），上部色值为 RGB（7，208，229），渐变角度调为 90°，将渐变滑块调到合适的位置，如上面右图所示。最后用"斑点画笔工具" ✎ 点上大小不一的高光。至此，这幅画就完成了。

4.11 一碗盖饭

本节来画一碗盖饭。主要是注意肉的质感的表达。

01 新建图层，设置画布大小为10cm×10cm，将图层命名为"线稿"。单击"画笔工具" ，选择5点圆形画笔，设置描边为1pt，在颜色面板输入色值，RGB（0，0，0） ，按照如上图所示的形状，画出碗、米饭和肉片的轮廓。

02 用"选择工具" 框选整个线稿。在菜单栏中，执行"对象"→"路径"→"简化锚点"命令来减少多余的锚点。擦掉多余的线条，然后用"直接选择工具" 调整线稿。

03 新建图层将其命名为"颜色"，置于"线稿"图层之下。用"斑点画笔工具" 涂色。肉片最浅色色值为RGB（249，209，202） ，肉片最深色色值为RGB（211，96，84） ，肉片中间色色值为RGB（237，163，148） ，碗色值为RGB（249，153，75） 。

04 新建图层，将其命名为"明暗"，置于"线稿"与"颜色"图层之间。用"斑点画笔工具" 涂色。米饭暗部色值为RGB（249，243，225） ，肉片高光色值为RGB（225，225，225） ，碗暗部色值为RGB（234，208，24） ，碗投影色值为RGB（232，230，226） 。至此，一碗盖饭就完成了。

Tips

当画面中的物体出现大区域白色的时候，如果你导出的图片是JPG格式，那么白色部分可以不用涂色；但如果你导出的图片需要用PNG格式，那么白色区域一定要涂色，不然导出来的图片的白色区域将会是透明的。

4.12 芝士蛋糕

本节来画一个芝士蛋糕。注意蛋糕的质感和高光的表达。

01 新建图层，设置画布大小为 10cm×10cm，单击"画笔工具" ，选择 5 点圆形画笔，设置描边为 1.5pt。画出大致轮廓。

02 用"选择工具" 框选整个线稿。在菜单栏中，执行"对象"→"路径"→"简化锚点"命令来减少多余的锚点。擦掉多余的线条，然后用"直接选择工具" 调整线稿。

03 新建图层，将其命名为"颜色"，置于"线稿"图层之下。用"斑点画笔工具" 涂色。蛋糕色值为 RGB（249，229，48） ，碟子色值为 RGB（225，244，249） 。

04 继续用"斑点画笔工具" 涂色，画出高光和阴影。蛋糕阴影色值为 RGB（249，211，22） ，蛋糕受光处的点点色值为 RGB（247，196，33） ，蛋糕背光处的点点色值为 RGB（249，181，11） 。

Tips

虽然蛋糕上的点点和固有色同为黄色。但是当它们处于不同的光照下，颜色会有所差别。背光处的颜色，也就是阴影的颜色，一定要比受光处的颜色深。

4.13 一碟寿司

本节来画一碟寿司。注意线条的色彩和物体本色色彩的搭配。

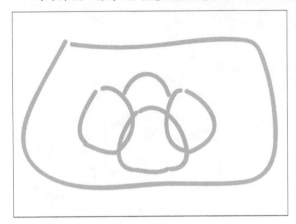

01 新建图层，设置画布大小为 10cm×10cm，将图层命名为"线稿"。单击"画笔工具" ，选择 5 点圆形画笔，设置描边为 0.75pt，在颜色面板输入色值，RGB（139，139，139） ，按照如左图所示的形状，画出碟子和寿司的轮廓。

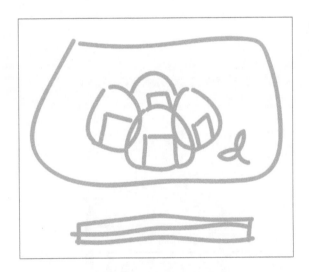

02 继续用"画笔工具" 画出寿司上的紫菜、筷子和点缀用的小叶子。

03 用"选择工具" 框选整个线稿。在菜单栏中，执行"对象"→"路径"→"简化锚点"命令来减少多余的锚点。擦掉多余的线条，然后用"直接选择工具" 调整线稿。

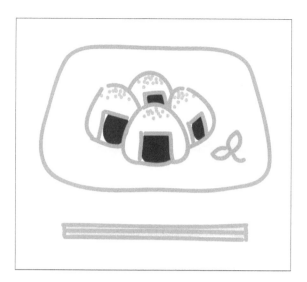

04 新建图层，将其命名为"颜色"，置于"线稿"图层之下。用"斑点画笔工具" 涂色。碟子色值为 RGB（225，249，247），紫菜色值为 RGB（66，66，66），叶子色值为 RGB（227，249，178），筷子色值为 RGB（252，230，230），寿司上的点缀色值为 RGB（249，207，157）。

05 新建图层，将其命名为"明暗"，置于"线稿"与"颜色"图层之间。用"斑点画笔工具" 涂色。碟子暗部色值为 RGB（191，224，220），寿司暗部色值为 RGB（252，235，217），叶子暗部色值为 RGB（226，226，226），碟子和筷子的投影色值为 RGB（226，226，226）。

4.14 澳洲牛排

　　本节来画一份牛排。注意牛排的颜色，生牛排颜色偏浅，熟牛排颜色偏深。造型上注意透视关系的表现，离得近的牛排厚一点，离得远的牛排薄一些。

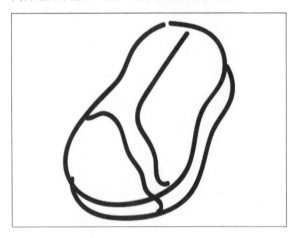

01 新建图层，设置画布大小为10cm×10cm，命名为"线稿"。单击"画笔工具" ，选择5点圆形画笔，设置描边为0.75pt，在颜色面板输入色值，RGB（86，11，16），按照如左图所示的形状，画出牛排轮廓。

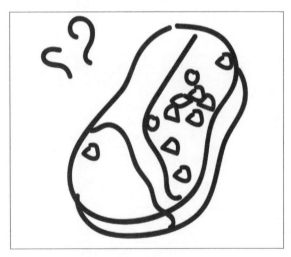

02 继续用"画笔工具" 画出葱花和香气。

Tips

如果画面的背景为白色，并且不需要导出为PNG格式的时候，高光可以用橡皮擦直接擦出来，这样比涂上白色要方便一些

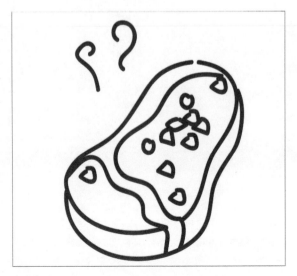

03 用"选择工具" 框选整个线稿。在菜单栏中，执行"对象"→"路径"→"简化锚点"命令来减少多余的锚点。然后用"直接选择工具" 调整线稿。注意牛排厚度的变化。

04 新建图层，将其命名为"色稿"，放在线稿图层的下面。用"斑点画笔工具" 涂色。牛排正面色值为 RGB（244，131，125） ■，牛排侧面色值为 RGB（181，64，64） ■，纹路色值为 RGB（249，220，219） ，葱色值分别为 RGB（255，207，6） 和 RGB（82，204，2） ■。

05 新建一个图层，将其命名为"明暗"，放在"线稿"图层与"色稿"图层之间。用"斑点画笔工具" 涂色。牛排侧面阴影色值为 RGB（153，40，40）■，高光色值为 RGB（255，255，255）。至此，香喷喷的澳洲牛排就完成了。

第 **05** 章

复杂案例练习

5.1 去郊游喽

从本章开始，我们来练习一些复杂的案例。注意色彩的搭配，细节的变化，以及构图。

01 新建图层，设置画布大小为10cm×10cm，命名为"线稿"。单击"画笔工具" ，选择5点椭圆形画笔，设置描边为1pt，按照如左图所示的形状，画出人物和狗狗的轮廓。

02 继续用"画笔工具" 画出人物的表情和服装，以及狗狗的表情。

03 画出女孩头发的走向、手上的甜点、小兔子包、背带裤上的纽扣和脸上的腮红。狗狗的尾巴再细化一下。

04 最后，我们画出小花朵、狗狗旁边的爱心、地面和文字。注意花朵和文字摆放的位置，不要太拥挤，也不要太松散。至此，线稿就完成了。

05 用"选择工具" ▶ 框选整个线稿。在菜单栏中，执行"对象"→"路径"→"简化锚点"命令来减少多余的锚点。然后用"直接选择工具" ▶ 调整线稿。然后按照之前介绍的方法，加上腮红。腮红色值为 RGB（252，182，182） 。

06 新建图层，将其命名为"色稿"，放在"线稿"图层的下面。用"斑点画笔工具"来涂色。头发色值为RGB（140，88，32），肤色色值为RGB（252，229，114），背带裤、花朵和爱心色值为RGB（252，230，230），兔子包和最下面的一颗甜点色值为RGB（238，249，178），甜点第一颗色值为RGB（249，178，211），女孩嘴巴色值为RGB（186，39，6）。

07 新建一个图层，将其命名为"明暗"，放在"线稿"图层与"色稿"图层之间。用"斑点画笔工具"涂色。头发暗部色值为RGB（109，59，9），肤色暗部色值为RGB（252，204，180），背带裤暗部色值为RGB（247，183，183），狗狗身体暗部色值为RGB（222，248，252），女孩和狗狗的投影色值为RGB（239，237，237）。

08 所有作品的最后一步——签名。用"画笔工具"来完成。然后用"选择工具"框选整个签名。在菜单栏中，执行"对象"→"路径"→"简化锚点"命令来减少多余的锚点。最后用"直接选择工具"调整签名。

这样就是一张完整的作品了。

5.2 日式料理大拼盘

本节来画一个寿司拼盘。注意各个寿司的造型，还有透视关系。

01 新建图层，设置画布大小为10cm×10cm，将图层命名为"线稿"。单击"画笔工具"，选择5点椭圆形画笔，设置描边为1pt，在颜色面板输入色值，RGB（139，139，139）。按照如左图所示的形状，画出盘子和寿司的轮廓。

02 用"选择工具" 框选整个线稿。在菜单栏中，执行"对象"→"路径"→"简化锚点"命令来减少多余的锚点。然后用"直接选择工具" 调整线稿。

Tips

在画画的过程中，线条不一定要调整得非常直，或者非常圆。有时候有一些弧度的线条，会显得画面更加自然，更有手绘的感觉。

03 新建图层，命名为"颜色"，置于"线稿"图层之下。用"斑点画笔工具" 涂色。

鱼肉色值为 RGB（249，128，128），鱼肉暗部色值为 RGB（234，96，96），鱼肉纹理色值为 RGB（249，218，149），米饭暗部色值为 RGB（252，240，217），盘子色值为 RGB（127，92，76），盘子暗部色值为 RGB（96，50，35）。

鱼子色值为 RGB（249，126，93），紫菜色值为 RGB（66，66，66）。

第一层的色值为 RGB（212，124，67）■，第一层的暗部为 RGB（178，92，45）■，第二层的色值为 RGB（144，158，59）■。

第一层色值为 RGB（252，234，159）■，第二层色值为 RGB（255，214，123）■，紫菜色值为 RGB（66，66，66）■。

第一层色值为 RGB（249，207，214）■，第二层色值为 RGB（244，105，142）■，第三层色值为 RGB（135，61，68）■。

虾肉我们分 3 层色来画，第一层色色值为 RGB（252，166，139） ，第二层色色值为 RGB（252，133，122） ，第三层色色值为 RGB（249，96，88） 。虾肉纹理色值为 RGB（249，208，197） 。

04 把桌面背景颜色填满，色值为 RGB（247，245，245） 。最后签上名，这幅作品就完成了。

5.3 餐车

本节来画一组餐车。成组的画要注意画与画之间画风的统一，明度和饱和度的统一。

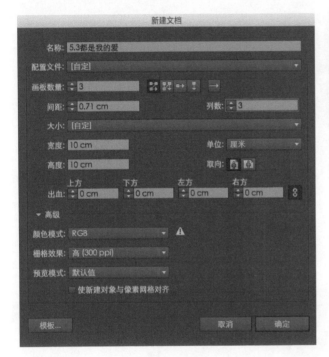

01 新建图层，设置画布大小为10cm×10cm，画板数量设置为"3"，列数设置为"3"，间距可以不用调整，用原始值"0.71cm"。单击"确定"按钮。此时，将同时出现3个一模一样的画板，如上图所示。

02 单击"画笔工具" ，选择5点圆形画笔，设置描边为0.52pt。在颜色面板输入色值RGB（94，55，28）■。画出餐车的大致轮廓。

03 继续用"画笔工具" 画出餐车的细节，把小工具、人物、装饰品，都画完整。

04 用"选择工具" 框选整个线稿。在菜单栏中，执行"对象"→"路径"→"简化锚点"命令来减少多余的锚点。擦掉多余的线条，然后用"直接选择工具" 调整线稿。写上文字，涂上腮红，腮红色值为 RGB（252，150，136）。

05 新建图层，命名为"颜色"，置于"线稿"图层之下。用"斑点画笔工具" 涂色。巧克力色值为 RGB（119，78，50）■，冰淇淋色值为 RGB（244，225，208）■，樱桃色值为 RGB（201，65，28）■，饼干色值为 RGB（247，225，170）■，头发色值都为 RGB（94，55，28）■，肤色色值都为 RGB（251，229，215）■。

小龙虾色值为 RGB（201，65，28）■，小龙虾纹理色值为 RGB（247，164，139）■，蒸笼色值为 RGB（249，197，115）■，锅色值为 RGB（158，130，111）■，筷子盒色值为 RGB（252，241，139）■，蒸汽色值为 RGB（245，249，229）■。

关东煮手柄色值为 RGB（239，178，117）■，汤和灯笼色值为 RGB（198，81，50）■，布条色值为 RGB（77，95，130）■，木条色值为 RGB（247，220，134）■。

Tips

整个画面颜色中，都没有出现饱和度和明度很高的颜色，这样画面看起来才统一。涂色过程中注意不要有的颜色饱和度和明度很高、很刺眼。而有的颜色又很灰，那样看起来整个画面的色彩会很不和谐。

5.4 小汽车

本节来画一辆小汽车。一定要注意透视关系、车子质感的表现和线条粗细的变化。

01 新建图层，设置画布大小为 10cm×10cm，将图层命名为"线稿"。单击"画笔工具" ✐，选择 5 点圆形画笔，设置描边为 0.5pt。在颜色面板，输入色值 RGB（0，0，0）■。画出车的大致轮廓。要注意透视关系，近大远小。如离我们近的轮胎比远处的轮胎要大。画的过程中如果有的部分可以复制的就尽量复制，以节省时间。

02 用"选择工具" ▸框选整个线稿。在菜单栏中，执行"对象"→"路径"→"简化锚点"命令来减少多余的锚点。擦掉多余的线条，然后用"直接选择工具" ▸调整线稿。

03 线稿调整好后，我们再画细节，细线条的粗细为 0.2pt。

04 新建图层，命名为"颜色"，置于"线稿"图层之下。用"斑点画笔工具"涂色。玻璃和轮胎底色值为 RGB（45，45，45）■，前脸网格处和轮胎最外圈色值为 RGB（94，94，94）■，车灯背景和轮胎中间色值为 RGB（140，140，140）■。

05 继续涂色，把小汽车的光感体现出来。窗户上的光色值为 RGB（152，152，152）■，车身上的光色值为 RGB（235，249，252）□，小汽车的投影色值为 RGB（232，232，232）□。至此，一辆小汽车就画好了。

5.5 兔女郎

本节来画一个兔女郎。主要运用的工具是钢笔工具和直线选择工具。

01 新建图层，用"钢笔工具" 勾出人物的身体部分，色值为 RGB（252，229，214）。然后用"直接选择工具" 来调整它。

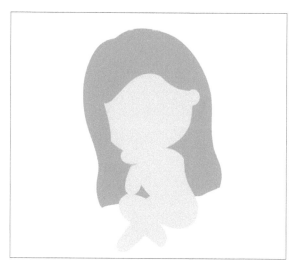

02 同样的方法，画上头发，色值为 RGB（252，182，182）。

03 再画上兔女郎的服饰，色值为 RGB（0，0，0）。

04 画出五官。眉毛色值为 RGB（104，66，41）■，嘴巴色值为 RGB（209，36，77）■，腮红部分先羽化一下，色值与头发色值一致。

05 用"斑点画笔工具"■配合"直接选择工具"■，把明暗关系画出来。发色暗部色值为 RGB（244，120，120）■，肤色暗部的色值为 RGB（251，205，182）■，丝袜色值为 RGB（56，56，56）■。在菜单栏中将丝袜部分的透明度调整为"8"。

不透明度: 8% ▶

06 新建一个图层，命名为"背景"，置于第一个图层之下。背景色值为 RGB（187，249，229）■，投影色值为 RGB（117，209，174）■。

07 最后，画一只小兔子上去。兔子耳朵色值与兔女郎发色色值一致，眼睛色值与兔女郎服饰色值一致，身体暗部色值为 RGB（249，241，232）。复制几只兔子，摆放到合适的位置。再签上名字，这幅作品就完成了。

Tips

画这种几乎没有线条，只由色块组成的扁平化类型的画，比较费时间。不太熟练的同学，可以先在纸上把图画好，再在电脑上画，这样可以节省一些时间。关键是要熟练运用"钢笔工具"和"直接选择工具"。

5.6 萌女郎

本节来画狗狗和萌女郎的组合。在画插图的时候，我们可以配以不同的文字，表达出一种幽默感。

01 新建图层，设置画布大小为12cm×10cm，命名为"线稿"。单击"画笔工具" ✐，选择5点圆形画笔，设置描边为0.6pt。画出大致轮廓。

02 把狗狗的面部表情、萌女郎的头箍、胡萝卜、鞋子上的小球、散落在地上的小兔子和纸箱上的丝带等细节画好。

03 用"选择工具" ▶ 框选整个线稿。在菜单栏中，执行"对象"→"路径"→"简化锚点"命令来减少多余的锚点。擦掉多余的线条，然后用"直接选择工具" ▷ 调整线稿。用"画笔工具" ✐ 写出文字。

04 新建图层，命名为"颜色"，置于"线稿"图层之下。用"斑点画笔工具" ✏ 涂色。兔女郎肤色色值为RGB（252，229，214）▨，头发色值为RGB（145，124，118）▨，胡萝卜色值为RGB（249，122，93）▨，纸箱色值为RGB（252，243，242），叶子色值为RGB（150，204，82）▨，丝带色值为RGB（249，83，107）▨。

05 继续用"斑点画笔工具" ✏ 涂色，画出高光和阴影。兔女郎肤色阴影色值为RGB（252，204，180）▨，头发阴影色值为RGB（117，94，88）▨，胡萝卜阴影色值为RGB（229，88，65）▨，纸箱阴影色值为RGB（249，229，228）▨，腮红色值为RGB（249，175，165）▨。最后签上名字，这幅作品就完成了。

5.7 鹿境

本节来画小鹿和女孩的组合。注意画面的构图，如果没有后面的植物，画面会显得有些单调，在小鹿身上加一只小鸟，画面就更显生动了。

01 新建图层，设置画布大小为10cm×10cm，命名为"线稿"。单击"画笔工具" ⊿，选择5点圆形画笔，设置描边为0.5pt。画出大致轮廓。

02 把细节画出来，包括面部表情、背景和小鸟等。

03 用"选择工具" ▶ 框选整个线稿。在菜单栏中，执行"对象"→"路径"→"简化锚点"命令来减少多余的锚点。擦掉多余的线条，然后用"直接选择工具" ▷ 调整线稿。

04 新建图层，命名为"颜色"，置于"线稿"图层之下。用"斑点画笔工具" ☑涂色。发色色值为 RGB（145，104，92）■，肤色色值为 RGB（252，229，214）■，嘴唇色值为 RGB（255，112，97）■，发箍色值为 RGB（94，49，34）■，发箍上的鹿角色值为 RGB（117，66，57）■，衣服花纹色值为 RGB（252，110，107）■，裤子色值为 RGB（99，186，229）■，小鹿色值为 RGB（255，234，110）■，鹿角色值为 RGB（124，99，87）■，草地色值为 RGB（147，201，83）■，树叶和胡萝卜叶子色值为 RGB（106，155，22）■，胡萝卜色值为 RGB（252，123，50）■，小鸟色值为 RGB（255，255，255）□。

05 继续用"斑点画笔工具" ☑涂色，画出高光和阴影。头发阴影色值为 RGB（117，66，57）■，肤色阴影色值为 RGB（252，204，180）■，裤子阴影色值为 RGB（41，158，204）■，小鹿阴影色值为 RGB（249，172，61）■，腮红色值为 RGB（249，175，165）■，草地阴影色值为 RGB（106，155，22）■。最后用与草地同色系的颜色签上名字，这幅作品就完成了。

5.8 象山顶

本节来画一幅夜景，主要是注意光影的变化。

01 新建图层，设置画布大小为 10cm×10cm，命名为"线稿"。单击"画笔工具" ，选择 5 点圆形画笔，设置描边为 0.5pt。画出大致轮廓。

02 把塔和远处的山画出来。

03 用"选择工具" 框选整个线稿。在菜单栏中，执行"对象"→"路径"→"简化锚点"命令来减少多余的锚点。擦掉多余的线条，然后用"直接选择工具" 调整线稿。

04 新建图层，命名为"颜色"，置于"线稿"图层之下。用"斑点画笔工具"涂色。天空色值为 RGB（48，34，107），山色值为 RGB（61，99，50），地面色值为 RGB（34，119，117），塔色值为 RGB（106，229，206），塔上的黄色色值为 RGB（249，240，72），发色色值为 RGB（119，86，73），肤色色值为 RGB（252，229，214），上衣色值为 RGB（249，185，198），裤子色值为 RGB（111，211，221），腮红色值为 RGB（252，162，162），小人色值为 RGB（127，127，127）。

05 把高光和阴影画上。高光和星星色值为 RGB（249，240，72），发色阴影色值为 RGB（81，52，43），地面阴影色值为 RGB（19，91，87）。

06 最后，加上万家灯火，效果就完成了。灯光色值分别为 RGB（247，138，89），RGB（249，159，88），RGB（249，240，72）。

5.9 小馋和大福一起过中秋

本节来画一幅中秋贺图。线稿比较复杂，色彩上主要用了一些外发光和渐变的效果。

01 新建图层，设置画布大小为23cm×24cm。单击"画笔工具" ✐ ，选择5点圆形画笔，设置描边为0.5pt。配合"直接选择工具" ▷ 画出主角、配角、荷花、荷叶、灯笼和月亮。

02 画出背景的云朵和飘带。

03 单击"画笔工具" ✐ ，选择5点圆形画笔，设置描边为0.25pt，把人物的五官、荷花、荷叶、灯笼和头发的细节画出来。

04 新建图层，用"斑点画笔工具" ✎ 涂色。头发色值为 RGB（177，73，44）■，肤色色值为 RGB（252，229，214）■，眼睛色值为 RGB（176，207，214）■，荷花外层色值为 RGB（249，197，197）■，荷花内部色值为 RGB（247，231，228），荷花尖色值为 RGB（247，49，49）■，荷叶色值为渐变色，由 RGB（168，156，0）■，渐变为 RGB（51，85，0）■。人物头上的兔耳朵色值为 RGB（0，0，0）■，挂灯笼的竹竿色值为 RGB（224，134，58）■，荷花苞外部的荷叶色值为 RGB（231，255，0），人物腮红色值为 RGB（252，93，66）■，兔子腮红色值为 RGB（247，132，132）■，小狗舌头色值为 RGB（239，80，80）■，人物手上的食物色值为 RGB（249，166，83）■，人物嘴角边食物色值为 RGB（249，197，130），头发高光色值为 RGB（249，230，138）■。

05 画上高光和阴影。头发阴影色值为 RGB（68，32，17）■，肤色阴影色值为 RGB（255，175，132）■，高光色值为 RGB（255，236，59），丝袜为黑色，不透明度为 38%。荷花阴影色值为渐变色，由 RGB（237，175，59）■，渐变为 RGB（233，144，108）■。

06 把背景中的所有云朵和飘带都涂上颜色，用的都是渐变色。黄色云朵由 RGB（255，295，124）■，渐变为 RGB（254，255，127）；绿色云朵由 RGB（212，195，0）■，渐变为 RGB（109，112，0）■；飘带由 RGB（233，175，155）■，渐变为 RGB（103，128，104）■。其余飘带的颜色可用吸管工具，先吸取云朵的颜色，再加一些透明度即可。

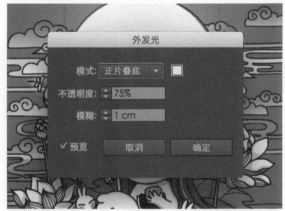

07 把灯笼和月亮的外发光效果做好。月亮为渐变色，由 RGB（247，234，75） ，渐变为 RGB（255，253，207） 。框选月亮色块，执行"效果"→"风格化"→"外发光"命令，选择"正片叠底"模式，颜色选柠檬黄，不透明度设置为75%，模糊设置为1cm，如上图右图所示。灯笼色值分别为 RGB（249，74，40） 和 RGB（249，230，138） ，和月亮一样，给灯笼也添加上外发光效果。

08 把小细节全部添加上。灯笼里面的火光色值为 RGB（249，203，90） ，然后执行"效果"→"风格化"→"羽化"命令。月亮上的斑点色值为 RGB（249，220，50） ，云朵高光色值为 RGB（252，223，151） 。

09 画上萤火虫。萤火虫色值为 RGB（247，237，148） ，然后执行"效果"→"风格化"→"外发光"命令，为萤火虫添加外发光效果。最后，写上文字，签上名字，这幅作品就完成了。

5.10 蓝莓芝士塔

本节来画一幅甜品图。难点在于光影色彩的微妙变化。

01 新建图层，设置画布大小为 20cm×20cm，命令为"线稿"。单击"画笔工具" ▨，选择 5 点圆形画笔，设置描边为 0.25pt。线条色值为 RGB（255，127，0）▨，画出大致轮廓。

02 画出细节。线稿比较复杂，需要耐心，慢慢地画，仔细调整。

03 新建图层，命名为"颜色"，置于"线稿"图层之下。用"斑点画笔工具" ▨涂色。

蓝莓色值为 RGB（38，23，73）▨，红果实与果酱色值为 RGB（168，17，39）▨，蛋糕色值为 RGB（252，176，84）▨，芝士色值为 RGB（249，245，165），盘子色值为 RGB（249，243，234）。

咖啡色值为RGB（252，212，166），杯子色值为RGB
（84，45，31）■。

叶子色值分别为RGB（81，78，86）■和RGB（51，
44，9）■，花瓶色值为RGB（86，37，24）■，花朵色
值为RGB（249，243，234），叶子茎部色值为RGB（126，
145，13）■。

叉子色值为RGB（249，173，21）■，盘子色值为RGB
（153，88，60）■。

第一层上色完成。

04 新建图层，命名为"高光和阴影"，置于"线稿"与"颜色"图层之间。用"斑点画笔工具" ✏ 涂色。

蓝莓高光色值分别为 RGB（166，160，249）█ 和 RGB（132，45，101）█，反光色值分别为 RGB（191，214，29）█ 和 RGB（81，43，122）█。红果实阴影色值为 RGB（124，4，33）█，反光色值为 RGB（255，72，0）█。至此，蛋糕部分完成。

咖啡表层色值分别为 RGB（247，232，210）、RGB（244，188，137）、RGB（219，155，99）█ 和 RGB（198，129，66）█。冰块色值为 RGB（68，50，46）█。咖啡杯高光色值为 RGB（249，168，83）█，阴影色值为 RGB（48，20，11）█，咖啡杯右侧反光色值为 RGB（211，17，73）█，咖啡杯底部反光色值为 RGB（38，23，73）█，咖啡杯左下方反光色值为 RGB（247，122，109）█，左下方反光部分的透明度为 50%。至此，咖啡部分完成。

叶子阴影色值为 RGB（58，53，8）■，叶子高光色值为 RGB（249，245，165）▨。花朵阴影色值为 RGB（252，182，177）▨。花瓶两边反光色值分别为 RGB（204，47，78）■和 RGB（255，149，0）▨，下半部分反光分别为 RGB（158，35，35）■和 RGB（232，82，42）■，透明度为 60%。至此，花瓶部分完成。

叉子阴影色值为 RGB（249，132，16）■，高光色值为 RGB（255，237，11）▨，在盘口画一根渐变的线，色值分别为 RGB（255，127，0）■和 RGB（147，60，0）■。至此，叉子部分完成。

第二层上色完成。

05 新建图层，命名为"背景"，置于最底层。背景色值分别为 RGB（249，212，187）▨、RGB（247，122，109）▨，物体投影色值为 RGB（249，172，120）▨。最后，签上名字，这幅作品就完成了。

Tips

画偏写实一点的画，一定要注意环境色的变化。颜色要你中有我，我中有你，这样整体才会协调有序。

商业项目

6.1 吉祥物

吉祥物是人们在事物固有的属性和特征上进行优化创作，从而生成富有吉祥意蕴的产物。它用以表达人们的情感愿望。绘制吉祥物时需要注意以下几点。

1 识别度

避免和其他吉祥物有"似曾相识"之感。最后能让人印象深刻，不会过眼就忘。

2 与对象特色一致

吉祥物要与企业、个人、商品或活动的风格、精神一致，使人能产生正确的认知。

3 具备发展衍生的设计空间

例如，各种姿势、角度的设计，以及周边应用。如果吉祥物是一个坐着的熊，当需要生产出毛绒玩具的时候，就需要考虑它的比例造型、能否坐稳等。

4 富有意义的名称

一个具有一定含义、简洁的名称，能让人迅速记住它，并使它具有更浓的人情味。

本节以优设网的吉祥物"獠麝鸡"为例进行绘制。吉祥物一般需要绘制出三视图，即吉祥物的正面、侧面与背面。

01 新建图层，设置画布大小为10cm×10cm，设置画板数量为3，图层命名为"线稿"。单击"画笔工具" ![icon]，画出三视图的线稿。

02 新建图层，命名为"颜色"，置于"线稿"图层之下。用"斑点画笔工具" ![icon]涂色。毛发色值为 RGB（140，82，42）■，披风和金箍棒色值为 RGB（232，56，56）■，金箍棒两端色值为 RGB（249，235，61）■，身体和头饰色值为 RGB（254，221，116）■，肚皮色值为 RGB（252，243，205）■，腮红色值为 RGB（252，154，154）■。

03 用"斑点画笔工具" ✐ 画出明暗。毛发暗部色值为 RGB（109，58，23）■，披风暗部色值为 RGB（201，40，40）■，身体暗部色值为 RGB（251，187，86）■。

Tips

6.2 微信表情

本节告诉大家怎么绘制微信表情。表情不仅能帮助人们表达各种难以言喻的情绪，还能在对话进行不下去的时候缓解尴尬。从微信的统计数据来看，每日表情的发送以亿次为单位，足以证明它的重要。

| 6.2.1 | 角色设计部分

01 先思考，要画什么，角色怎么设计。在纸上先画好草稿。

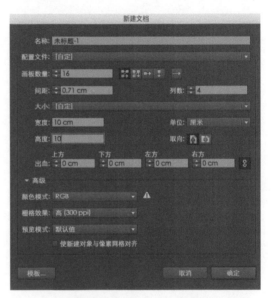

02 新建文档，设置画板数量为16，设置宽度和高度都为10cm。微信表情有数量规定，要么16个，要么24个。

03 单击"画笔工具"，选择5点圆形画笔，设置描边为0.75pt，在颜色面板输入色值RGB（73，54，40），画出仓鼠的造型。

04 用"斑点画笔工具"涂色。身体色值为RGB（252，238，222），耳朵与腮红色值为RGB（252，225，222），玻璃杯色值为RGB（198，235，247），面包色值为RGB（249，191，30），面包上的果酱色值为RGB（249，249，45），身上斑点色值为RGB（109，85，68）。按这样的方法画完后面的15个。

106

6.2.2 | 表情描边部分

01 为了使表情与聊天背景的颜色有较大的区分，我们需要给它描一个白边。首先框选表情，单击鼠标右键，选择"编组"选项。然后把编组后的表情复制一个。

02 框选复制好的表情，执行"对象"→"扩展外观"命令。

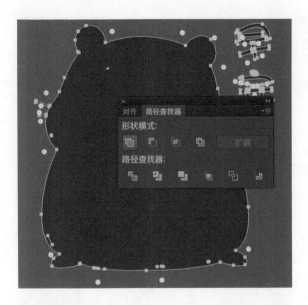

03 框选表情，执行"窗口"→"路径查找器"命令，弹出一个如左图所示的小窗口。选择"形状模式"中的第一个"联集"。此时，整个表情会变成同一种颜色。

04 框选表情，我们把它改成白色。

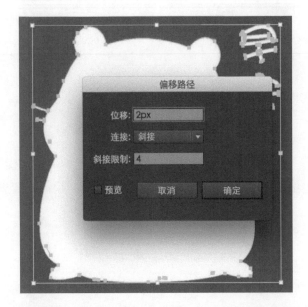

05 框选表情，执行"对象"→"路径"→"偏移路径"命令，设置位移为2px。

描白边完成。

06 同时框选原来的表情和白色描边部分。

07 在菜单栏中，执行"水平居中对齐"和"垂直居中对齐"命令。

微信表情就画好了。

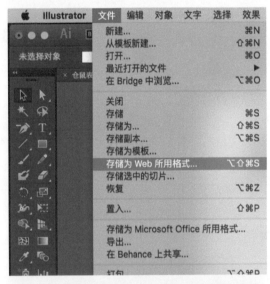

01 用鼠标左键单击需要导出表情的画板,执行"文件"→"存储为 Web 所用格式"命令。

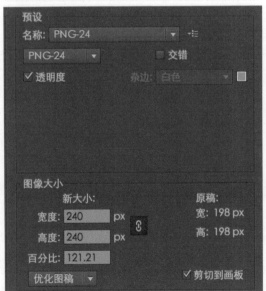

02 选择 PNG 格式,宽度和高度都设置为240px,单击"存储"按钮。微信表情的所有导出方式都是这样。

Tips

微信表情除了16个或24个主图以外,还需要表情缩略图、详情页横幅、表情封面图和聊天面板图标等。需要注意的是,微信表情里面的文字必须手写,不能使用字体。其他参数设置参见微信表情开放平台网页,里面有所有图的导出尺寸、格式和规范。

6.3 定制头像

本节来做一个头像定制。关键是把发型、脸型、服装画准确，然后画出五官。Q版头像，主要是神似。

01 观察人物的发型、服装、配饰、脸型和五官。

02 新建图层，设置画布大小为10cm×10cm，将图层命名为"线稿"。单击"画笔工具" ✐，选择5点圆形画笔，设置描边为1pt。在颜色面板中输入色值RGB（0，0，0）■，画出人物的发型和服饰。

03 用"选择工具" ▣框选整个线稿。在菜单栏中，执行"对象"→"路径"→"简化锚点"命令来减少多余的锚点。擦掉多余的线条，用"直接选择工具" ▹调整线稿。

Tips

04 用"画笔工具" ✐和"斑点画笔工具" ✐画出五官。

05 新建图层，命名为"颜色"，置于"线稿"图层之下。用"斑点画笔工具" ✐涂色。头发色值为RGB（102，55，24）■，肤色色值为RGB（252，229，214）□，腮红色值为RGB（252，162，162）■，嘴唇色值为RGB（249，106，83）■。

06 用"斑点画笔工具" ✐画出明暗。头发暗部色值为RGB（66，32，15）■，肤色暗部色值为RGB（252，204，180）□，腮红暗部色值为RGB（247，109，109）■，衣服暗部色值为RGB（222，236，249）□。

画Q版人物的时候，或者对着照片画的时候，不需要按照照片的样子一模一样的画。构图，色彩，都可以调整一下。

6.4 卡通 Logo

本节来画一个卡通 Logo。Logo 对于一个公司而言可以起到识别和推广的作用，通过形象的 Logo，可以让消费者记住公司主体和品牌文化。拥有一个抢眼的 Logo 对企业而言很重要，但真正让人过目不忘的作品往往是屈指可数。制作 Logo 并不难，难的是怎么去设计。

01 新建图层，设置画布大小为 10cm×10cm，将图层命名为"线稿"。单击"画笔工具" ▨，选择 5 点圆形画笔，设置描边为 0.75pt。在颜色面板中输入色值 RGB（0，0，0）■，画出 Logo 的基本形状。注意，眉毛我用的是"斑点画笔工具" ▨，这样方便后期修改形状。

02 画好细节，然后用"选择工具" ▨框选整个线稿。在菜单栏中，执行"对象"→"路径"→"简化锚点"命令来减少多余的锚点。擦掉多余的线条，用"直接选择工具" ▨调整线稿和眉毛的形状。

03 新建图层，命名为"颜色"，置于"线稿"图层之下。用"斑点画笔工具" ▨涂色。服装色值为 RGB（250，251，239） ，头发色值为 RGB（67，66，67）■，肤色色值为 RGB（250，227，212） ，腮红和舌头色值为 RGB（238，141，140）■。

04 画出高光和阴影。服装暗部色值为 RGB（230，238，182） ，头发暗部色值为 RGB（36，37，37） ，肤色暗部色值为 RGB（247，196，174） ，腮红和舌头暗部色值为 RGB（233，106，105） 。

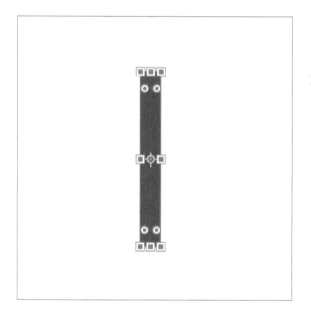

05 新建图层，命名为"背景"，置于所有图层之下。用"矩形工具" 画一个长方形，填充色色值为 RGB（164，51，35） 。框选它，单击工具栏中的"旋转工具" ，或使用快捷键"R"。

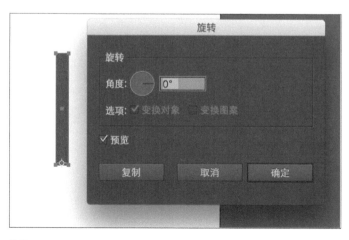

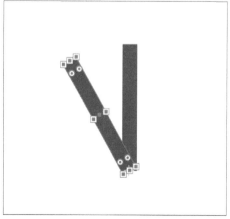

06 按住"Alt"键，此时鼠标会变成一个"十"字形，外加一个"-"号。单击矩形的底部，使红色矩形的蓝色小光标从中间移到矩形的底部。蓝色小光标表示的是，矩形将围绕它来旋转。

07 在"旋转"窗口中，勾选"预览"，设置角度为"30°"，单击"复制"按钮，会出现如上图所示的效果。然后一直按快捷键"Ctrl+D"进行复制，直到围成一个圆。

08 把做好的形状调整好大小，放进画里面。

09 把背景填满颜色，色值为RGB（193，64，32）■。用"椭圆工具"●在背景中画一个圆，色值为RGB（244，227，38）■。画的时候按住"Shift"键，就可以得到一个圆。

萌太味君

10 新建图层，命名为"文字"，置于所有图层的顶层。用"斑点画笔工具"■写下"萌太味君"4个字。

萌太味君

11 用"选择工具"■框选整个文字。在菜单栏中，执行"对象"→"路径"→"简化锚点"命令来减少多余的锚点。然后用"直接选择工具"■调整文字。直到自己满意。

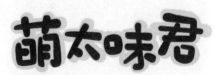

12 用"斑点画笔工具"■在文字的底层涂一层颜色，色值为RGB（244，227，38）■。

13 在文字周围加一些大小不一的小圆点，文字制作就完成了。

14 将文字设置到合适的位置，这幅作品就完成了。

Tips

怎样才算是一个优秀的Logo设计呢？第一，视觉上"一语双关"；第二，用色上严格把关；第三，识别度高。

6.5 小篇幅漫画

本节来画一个条漫，它是由四格漫画衍生而来的一种新的漫画体裁。条漫是一条横着的或竖着的且没有格子数限制的漫画，其内容是一个具有故事情节的小漫画。

制作方法：

1.故事创作的灵感（文案）：画漫画的灵感，往往来源于生活。我们平时可以把旅行中、恋爱中、校园里、家里，甚至是梦境中发生的有趣的事情记录下来。等哪天想画画了，就去翻一翻、看一看，整理一下情节，升华一下思想，文案就诞生了。

2.画草稿：有了文案以后，我们先要在纸上把草稿画好。例如，人物的动作、表情的设定等。这样在电脑上画起来，会节省一些时间。

3.线稿：草稿好了以后，在电脑上画线稿。

4.上色：涂色。

5.调整：最后进行调整。涂出界的、没填满的、线条不够完美的，都可以再调整。

6.签名：在合适的位置，用合适的颜色，签上名字。

7.导出：最后一步，将作品导出来。大功告成后，就可以发表了。

下面以设计师的故事为例，来画一个条漫。这是我亲身经历的一件事情，我把它改编成了漫画。

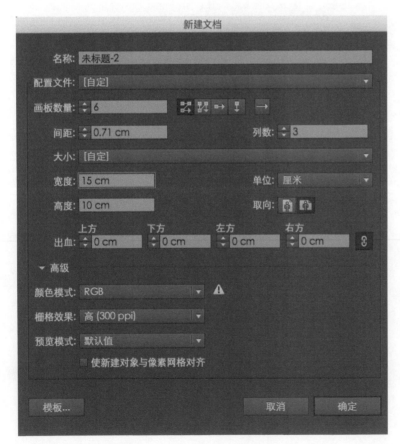

01 新建文档，设置画板数量为"6"，设置宽度为"15cm"、高度为"10cm"。

02 新建图层，命名为"线稿"。用5点圆形、描边为0.5pt的"画笔工具" 配合"直接选择工具"，画完线稿。之后为线稿上色，线稿色值为RGB（66，1，1），腮红色值为RGB（252，172，172），血的色值为RGB（181，2，2）。

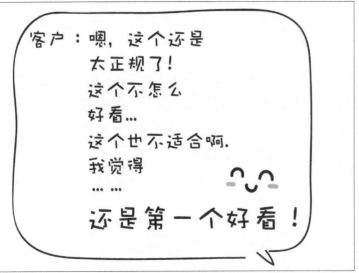

03 用"斑点画笔工具" ✐ 填色。头发色值为RGB（249，178，178）■，裤子色值为RGB（229，255，118）■，灯色值为RGB（229，5，97）■。然后签名、导出，这幅作品就完成了。

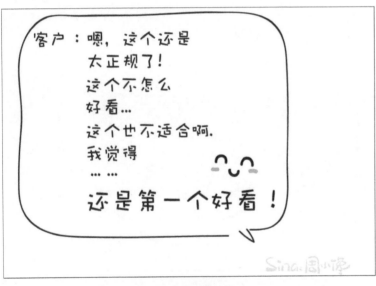

下面给大家展示一些我之前画的条漫，它们都是源于生活，都是关于我自己的小故事，大家可以参考参考。

1 巴厘岛的故事

这是我在巴厘岛时发生的一个有趣的事。我的好朋友的火烈鸟游泳圈被海水冲走了，越漂越远。当地的救生员看到了，就立刻跳下海游泳去追，但是没追上，后来他乘着小船去追，就抓到游泳圈了。回到家后，我把它画了出来。

那天，佳佳同学告诉我

她带了火烈鸟游泳圈．

我们把火烈鸟游泳圈放进海里

然后它就漂走了．

当地的救生员

游泳去追，没追上．

后来他乘着小船，把它追回来了．

暂且叫他可爱的

"追鸟少年"

哈哈，Thanks.

2 成为更好的人

这一组漫画是我在台湾旅行时的感受。

害怕周围都是陌生的人.

害怕一个人寻路.

害怕一个人游玩.

总觉得有些事情做不好.

可是慢慢的我能看到最美的风景.

尝到最美味的食物.

@周小馋

遇到更有意思的人.

@周小馋

如果不去尝试.怎么知道做不到呢?
一辈子太短.要做最想做的事.
成为最想成为的那个人.

@周小馋

6.6 霓虹灯 Logo

本节来画一个霓虹灯 Logo，主要用霓虹灯特效和渐变效果。

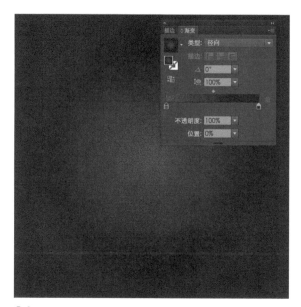

01 新建图层，设置画布大小为 10cm×10cm，建立一个正方形的渐变径向背景。渐变色值分别为 RGB（215，0，81）■和 RGB（35，24，21）■。

02 输入文字"Vacation"，执行"对象"→"扩展"命令。

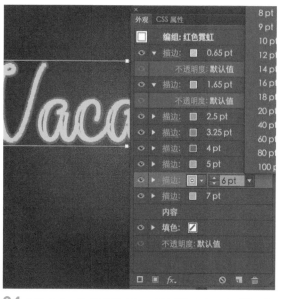

03 全选文字，执行"窗口"→"图形样式"→"图库"→"霓虹效果"命令。

04 全选文字，执行"窗口"→"外观"命令。在"外观"窗口中，所有的描边都可以按照自己的喜好来调整。

文字部分完成。

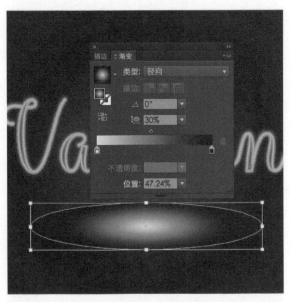

05 做一个里黄外黑的径向渐变，设置长宽比为30%，渐变色值分别为RGB（250，238，0）和RGB（35，24，21）。

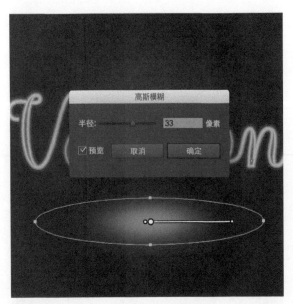

06 执行"效果"→"模糊"→"高斯模糊"命令，设置半径为33像素。

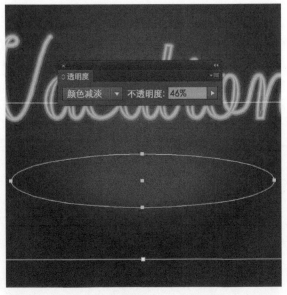

07 执行"窗口"→"透明度"→"颜色减淡"命令，设置不透明度为46%。至此，霓虹灯Logo就制作完成了。

6.7 扁平化 ICON

本节来画3个扁平化的小ICON。注意线条一定要非常规整、严谨。在绘制过程中要利用各种原有的形状，再加上对齐工具，来完成各种各样的ICON。

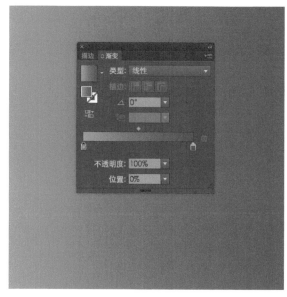

01 新建图层，设置画布大小为10cm×10cm，做一个渐变背景。渐变色值分别为 RGB（242，158，139）和 RGB（102，56，132）。

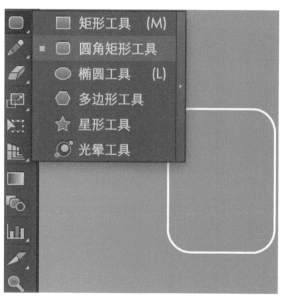

02 新建图层，置于背景图层之上。用"圆角矩形工具"，画一个矩形。

03 选择"画笔工具"，按住 Shift 键，画出一根直线，然后复制3次。

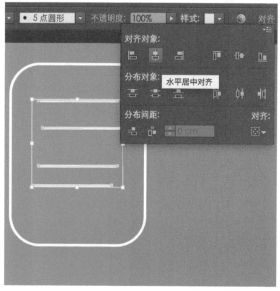

04 框选4根直线，执行"对齐"→"水平居中对齐"命令。

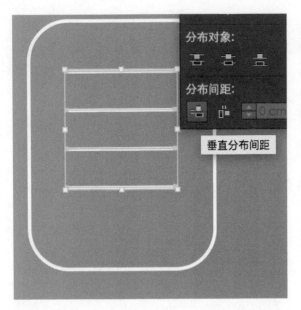

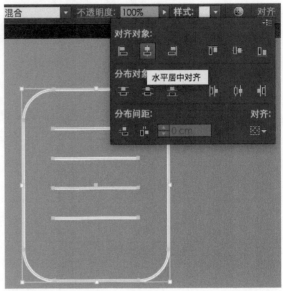

05 执行"垂直分布间距"命令。然后单击鼠标右键选择"编组"命令。

06 框选矩形和直线,再次执行"对齐"→"水平居中对齐"/"垂直居中对齐"命令。

07 这样,一张小笔记 ICON 就完成了。

08 用以上方法,我们再做出爱心和多云的 ICON,是不是很简单。

6.8 扁平化的小鸡图标

本节来画一只扁平化的小鸡图标。绘制完成后加上投影，会有立体感。

01 新建图层，设置画布大小为 10cm×10cm，画一个圆。色值为 RGB（249，211，205）。

04 最后画出眼睛、嘴巴和鸡冠。眼睛、嘴巴色值分别为 RGB（61，59，59）和 RGB（247，201，55），鸡冠色值为 RGB（247，109，55）。

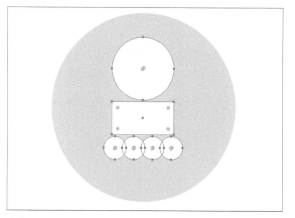

02 新建图层，置于背景图层之上。利用矩形和图形，拼出小鸡的头部。色值为 RGB（252，246，245）。

05 把小鸡复制一个，并单击鼠标右键选择"编组"命令。

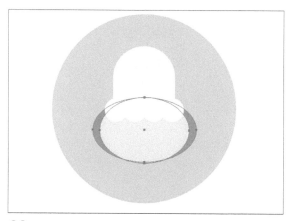

03 画2个椭圆，拼出小鸡的身体。色值分别为 RGB（249，228，225）和 RGB（247，147，137）。

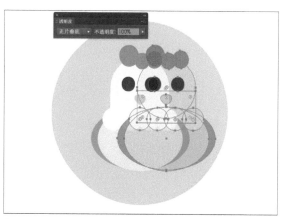

06 执行"窗口"→"透明度"→"正片叠底"命令。

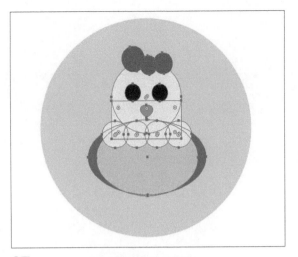

07 把原图小鸡编组和复制后的小鸡重叠。

10 执行"窗口"→"正片叠底"命令。

08 擦掉多余的一半，小鸡就画好了。

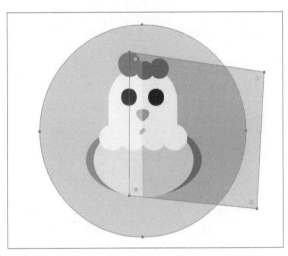

11 框选背景和影子，使用"形状生成器工具" 。

09 在背景图层中，做出一个如上图所示的阴影。

12 按住"Alt"键，单击不需要做投影的区域。扁平化的小鸡图标就做好了。

第 07 章

问题案例修改练习

7.1 人物比例修改示例

我和优设网合作，开设了多期 AI 零基础萌漫课程，本节就以我的学生的作品为例，挑出一些常见的错误作为示范，来进行修改，希望能给大家带来帮助。

原图：

（1）面部上，眼睛的高光画反了，人物"对眼"了。这种错误，每一期都有学生会犯。

（2）身体比例上，一是肩膀太宽，肩膀的宽度不要超过头和臀部的宽度，特别是女生；二是上半身的长度大长，它应该短于下半身的长度。

修改后：

眼睛的高光统一方向，肩膀调窄，上半身缩短。调整完成。

7.2 脏色彩修改示例

　　"脏"色彩，并不是颜色不好，而是没有将颜色搭配好。例如，同样是灰色调，有的同学画出来的画面美美的，是高级灰，但有的同学画出来的画面感觉脏脏的。

　　原图整体的色彩搭配是可以的。皮箱、皮带、裤子、靴子的颜色都很好，唯一的缺点是整体颜色灰了一点儿。

原图：

光影对比不明显。

修改后：

增加光影对比，将皇冠提亮。

原图：

光影表达不明显。

修改后：

高光处提亮，中间色变浅一点。

原图：

同样的问题，光影对此不明显。

修改后：

亮处提亮，暗部调暗。

最后提亮背景，让暗部更暗一点。整体就修改好了。

7.3 不协调色彩修改示例

在一个画面中，色彩的搭配要整体协调，不要出现明度不协调、饱和度不协调的情况。

原图：

这张图中，头部都是浅色系，饱和度和明度都不高，给人柔柔的感觉。但到了服装部分，饱和度和明度都很高，色彩就有些不协调了。

修改后：

把衣服的颜色减淡，将裙子和鞋子统一为一个颜色，颜色就协调了。

Tips

颜色除了色相要协调之外（例如，黄绿色配白色），饱和度和明度也要协调（例如，浅粉搭配浅绿，而不是用鲜艳的红色搭配浅绿色）。

7.4 色感表达修改示例

我们在画画中，有时候想表达"热"的感觉，那么就需要用暖色系，有时候想表达"萌萌哒"的感觉，那么就可以用粉色系、浅色系。颜色不仅要搭配和谐，也要搭配精准。

这4张图分别代表春、夏、秋、冬。画面线条工整，在动物的尾部用不同的植物表达四季，很有意思。但是从颜色搭配上看，春、夏、秋、冬的感觉太弱了。

原图：

从"春"开始，春天应该给人粉粉嫩嫩、柔柔的感觉。但画面色彩过于浓重，颜色也太单一了。

修改后：

将背景变淡，将桃红色调整为浅橘红，将嘴巴调整为橘色。

夏天给人的感觉是火热的，紫色用在这里很不合适，而且紫色和背景色搭配得也很不和谐。

修改后：

将红色和橘色搭配在一起，就是很暖的色调了，再加上黄绿色的叶子，夏季的感觉就有了。

原图：

有一个词叫"金秋"，所以我们可以将秋季画成金色系的，
这样感觉会更好一点。

修改后：

将背景调成橘色，将叶子的红色调浅一点，这样和黑色线条
的对比会更大。身体部分用偏橘一点的柠檬黄来填充，"金秋"
的感觉就出来了。

原图：

冬季最显著的特点就是雪，所以我们可以用大面积的白色来
表示冬天。绿色和冬季没有太大的关系，而且花朵的颜色太暗，
黑色线条也不够明显。

修改后：

将身体部分填充为白色，把花朵的颜色调浅。嘴巴用与背景
蓝色成对比的黄色，整个画面呈冷色调。

这样的春、夏、秋、冬，给人的感觉是不是更强烈一些。

7.5 线条的统一修改示例

在一个画面里，线条的粗细要统一，这样给人的整体感觉才会协调。不要有的地方线条粗，有的地方线条细。

原图：

这张图的颜色搭配和线稿造型都是可以的。缺点是线条粗细不一，特别是星星的线条，相比之下太细了。

修改后：

我们把线条的粗细调整为一致的，这幅画就调整好了。

Tips

在一个画面中，线条的粗细也不是一定不能变化。但一定要有规律。比如你可以在每个物体的最外圈，用粗一点的线条。里面的细节，用细一点的线条。这样也很好看。但不要毫无规律的，有粗有细，这样画面会有些不统一的感觉。

7.6 构图修改示例

画画的时候，一定要注意构图，做到有疏有密，合理布局。

原图：

这一张画，大体没有问题，但有些细节问题需要注意。

首先，右上角太阳的线条离虚线太近，并且由单根线条组成的太阳，比重太轻了。

然后，背景的花朵，排列得不够平衡。

最后，女孩的脚和小草之间间距太小，几乎要碰到一起。不管画什么，轮廓与轮廓之间，要么分开一些，要么交叉，最好不要碰到一起。

修改后：

将上述问题解决后，画面就和谐了。

7.7 透视修改示例

透视不外乎4个字——近大远小。任何线条，任何面，都遵循这个原则。

这一张画整体很不错的。给人的感觉很萌，场景识别度也很高。但如果用更严格的要求来看，还是有一些可修改之处的。

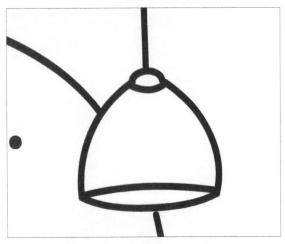

原图：

吊灯底部的圆，两边不应该呈角的形状，任何圆形都不会出现这样的情况。但凡我们能看到的圆它的两边都呈圆弧形，除非它与我们的视平线平行，那时它呈一条直线。

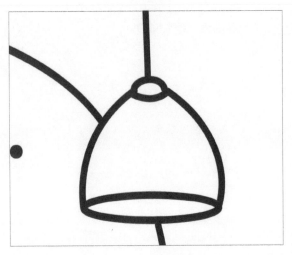

修改后：

角变成了小小的圆弧。

原图：

还一个小细节，积木的透视不够准确。每一个正方体的三根
竖线，离我们最近的那一根最长，离我们最远的那一根最短。
但这幅画中的正方形的竖线，几乎都一样长，甚至有的远一
点的竖线比近一点的竖线还要长。

修改后：

画画时始终要遵循"近大远小"的原则，同一个物体，同一个
位置的线条，将离我们远的线条调短，这幅画就调整好了。

修改完成。

7.8 面部与身体风格的不协调示例

画人物的时候，注意，人物面部的风格要与身体比例的风格一致。

原图：

这张图，整体而言还不错，造型和色彩都很和谐。唯一不足的地方就是面部。面部给人的感觉是很简单、很卡通，但是人物的身体风格是偏写实的。那面部也要画成偏写实风格的。

修改后：

面部和身体给人的感觉是一样的了，这样才和谐、统一。

第 08 章

学生优秀作品赏析

未完待续............

Iceland
2016.10.31

AstonMartin One-77

Lamborghini Aventador

Audi R8

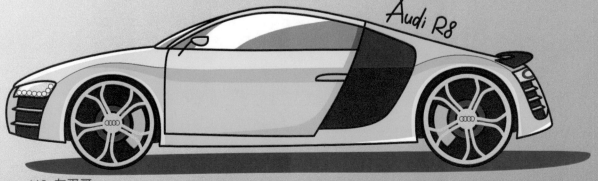

储倩

2016.11.2

蛋黄粽
Salted Duck Eggs

白粽
Glutionous Rice

安琪猫 （71）

花生粽
Peanuts

肉粽
Pork

KEEP GOING ON

COUNTRY SIDE

JOHN DENVER

RAP

VANILLA ICE

JAZZ

LOUIS ARMSTRONG

POP

JAY CHOU

97-大陶儿

Olivia 11.02

伦兆雪

二零一六 十一月四日 小鹿

36-酒酒 16/11/7

希哩哩　临摹
2016.11.11

小鹿
2016.10.27